청춘,
아픈 과거를 걷다

한국의 다크투어리즘

청춘,
아픈 과거를 걷다

한국의 다크투어리즘

최정규 기획
한신대학교 학생 14인 지음

學古房

한신 청춘들의 역사 탐구에 박수를

이번 학기 우리 한중문화콘텐츠학과 '한중문화관광콘텐츠제작실습' 강의의 결과물로 소중한 책이 한 권 나오게 되었다. 여행작가로 국내에 친절한 여행가이드 서적을 선도적으로 제시하고, 선구적으로 한중 공정여행을 이끌었던 최정규 교수님의 헌신적인 노력과 수업 내내 혼연일체가 되어 답사를 진행한 학생들의 열정이 일구어낸 쾌거이다.

이번 책은 특별히 일제강점기와 전쟁을 거치며 우리나라의 민주화와 산업화가 진행되는 과정에서 발생한 많은 희생의 흔적, 피와 땀의 현장을 살펴보는 다크투어리즘을 주제로 했다. 갈수록 많은 사람이 여행에 의미를 부여하고 가치 있는 여행을 떠나고 싶어 한다. 그런 여행의 대표적인 방법으로 역사의 어두운 면까지 감싸 안으며 그 현장을 진중하게 들여다보는 다크투어리즘이 새로이 주목받고 있다. 특히 팬데믹 상황이 장기화하면서 한 번의 여행을 떠나더라도 더 의미 있는 여행을 떠나고자 하는 경향이 강해지며 더욱 주목받는 여행방법이 되고 있다.

도전을 두려워하지 않는 대학답게, 민주와 평화를 추구해온 대학답게, 한신의 학생들에게 역사의 어두운 면까지 골고루 돌아보는 다크투어는 의미가 깊었을 것이다. 한신의 청춘들, 그들의 시선으로 들여다본 다크투어리즘은 특별하다. 모두의 일독을 권한다.

최민성
한신대학교 한중문화콘텐츠학과장

모든 역사에는 아픔의 순간들이 존재한다

자신이 지나온 발자취를 찬찬히 되짚어보면 과연 찬란한 영광의 순간만 기억날까요? 실수하고, 넘어지고, 망신당하고, 아프고, 패배하고, 울고, 억울하고……. 그런 옛 기억들은 잠깐 떠올라도 머릿속에서 얼른 지워버리고 싶지요. 하지만 우리가 지금 이 자리에 굳건히 서 있는 건 고통의 기억을 바탕으로 그런 일을 되풀이하지 않겠다는 다짐과 실천 때문일 것입니다. 바로 그것들로부터 교훈을 얻었다는 말이겠지요.

우리의 역사도 마찬가지입니다. 치욕스럽고 분노를 불러일으키는 여러 사건들의 상처를 과감히 드러내고 공론화해서 함께 되짚어볼 때, 고통의 역사가 조금씩 극복될 것입니다. 그 과정 없이 역사의 상처는 결코 아물 수도 없고, 그대로 아물게 해서도 안 된다고 생각합니다.

한신대학교에서 '한국과 중국의 문화관광콘텐츠'를 강의한 지 어언 10년이 넘었습니다. 관광콘텐츠를 살피자면 관광하고자 하는 지역의 역사와 문화가 기본 바탕이 됩니다. 어느 지역이건 삶의 바탕이 되는 역사에는 아픔의 순간들이 상당 부분 섞여 있습니다.

즐거운 여가를 보내기 위한 일반적인 여행의 일정에는 그런 아픔의 순간들이 배제되기 쉽습니다. 그럼에도 어떤 지역의 역사와 문화와 자연을 살피고 사람들의 삶을 살펴, 짧은 기간이나마 그것을 체험하고자 하는 것이 여행이라면, 마냥 신나고 즐거운 것만 찾을 수는 없습니다. 그 지역의 역사와 민중의 삶에는 고통의 시간 또한 깃들어 있기 때문입니다. 그렇기에 제가 매 학기 진행해온 관광콘텐츠 강의에는 아픔의 역사를 되짚어보는 다크투어리즘이 빠지지 않고 포함되었습니다.

2020년 2학기 문화관광콘텐츠 제작실습 수업에서는 답사와 글쓰기, 그리고 책 만들기를 시도해보았습니다. 오래전부터 한번은 꼭 하고 싶었던 수업이었고, 주제는 한국의 다크투어리즘으로 정했습니다. 열네 명의 학생이 각자 한 꼭지씩 맡아 답사를 진행하였고 자신이 보고 듣고 공부한 내용을 전하고자 글쓰기를 하였습니다. 그리고 거칠고 투박하지만 이렇게 책으로 엮게 되었습니다. 미숙함이 많은 글들이지만 어여쁜 제자들이 너무 대견합니다. 이 책을 읽는 독자분들도 청년 학생들의 작은 노력에 모쪼록 응원 한마디 던져주셨으면 하는 바람입니다.

처음 시도해보는 수업임에도 흔쾌히 허락하고 응원해주고 물심양면 지원해주신 한중문화콘텐츠학과 최민성 학과장님께 고마움을 전합니다.

수업을 진행하고 책을 기획한 이, 최정규
한신대학교 한중문화콘텐츠학과 겸임교수, 국제민주연대 공정여행사업단장

....

차례

제3부 제주도

제4부 경상도

제5부 인천

제6부 경기도

제7부 충청도

제1부

서울

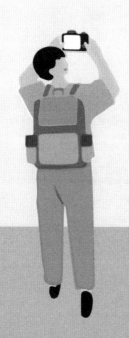

대한민국 민주주의의
꽃이 피어오르다

민주화 운동이 가장 치열했던 이승만 정권부터 노태우 정권까지 우리 국민들은 민주주의를 쟁취하기 위해 남녀노소 가릴 것 없이 시위에 참여했다. 6.25 한국전쟁 이후 이승만 정권은 혼란스러운 시기를 틈타 장기집권의 꿈을 꾸었다. 4대 대통령선거는 이승만이 따 놓은 당상이었지만 부통령 후보는 민주당 장면이 앞서 나갔다. 대통령이 서거한다면 부통령에게 정권이 넘어간다. 이를 두려워한 이승만은 3.15 부정선거를 일으켜 자유당 이기붕을 부통령으로 만들려고 했다.

부정선거에 화가 난 시민들은 3.15 부정선거 규탄 시위를 벌였다. 그리고 시위에 참여했다가 27일 만에 마산 앞바다에서 싸늘한 주검으로 발견된 김주열 사건으로 4.19혁명이 일어난다. 결국 국민들은 독재 정권을 끌어내기에 성공하지만, 독재의 어두운 그림자는 그 뒤에도 대한민국을 덮쳤다.

4.19혁명에서 6.29 민주화선언까지

박정희는 5.16 군사정변을 일으켜서 대통령 자리까지 올라갔고 장기집권을 위해 유신헌법을 발표했다. 박정희의 최측근이었던 중앙정보부 부장 김재규가 10월 26일, 박정희를 총격 살해함으로써 유신 체제는 끝났지만, 이번에는 보안사령관 전두환이 '하나회' 중심의 신군부 세력을 데리고 12.12 군사반란을 일으켜 집권한다. 전두환 정권은 1980년 5월 17일에 비상계엄을 전국으로 확대 실시했다. 5.17 계엄확대조치가 내려진 뒤에도 광주에서는 학생들의 시위가 멈추지 않았고 17일 저녁 10시경 7공수부대가 광주에 투입됐다. 언론에서는 거짓된 정보로 광주 시민들을 폭도로 몰았다. 위르겐 힌츠페터의 영상보도로 그동안 감춰졌던 5.18 민주화 운동이 세상에 알려질 때까지 정부의 만행은 보도되지 않았다.

5.18 민주화 운동은 6월 민주항쟁까지 영향을 주었다. "호헌 철폐 독재타도, 직선제로 민주쟁취"를 외치던 이한열이 최루탄에 맞아 죽은 뒤 더 거세진 시위활동이 6월 민주항쟁으로 이어졌다. 6월 민주항쟁에서 국민들이 승리하면서 6.29 민주화선언이 발표됐다. 대통령 직선제 수용을 요점으로 한 이 선언은 대통령선거법 개정, 국민 기본권 신장 등 8개항을 약속했다.

이로써 1980년대 민주화 운동은 마침내 대통령 직선제를 쟁취하기에 이르렀다. 공안 통치와 3당 합당을 통해 권위주의적 통치로 회귀하던 노태우 정권은 6공화국 대중투쟁인 5월 투쟁으로 최대의 위기를 맞는다. 이 투쟁을 마지막으로 대한민국은 민주주의 공화국이 되었다.

해방 후 역사를 잠시 훑어보기만 해도 이 나라의 민주주의가 얼마나 어렵게 얻은 민주주의인지 깨닫게 된다. 우리 부모 세대는 지금처럼 평화와 자유를 보장받은 세대가 아니었다. 1960~80년대 대한민국은 가장 격동적인 민주화 운동 시절을 보냈다. 여전히 민주주의를 위한 시위는 계속되고 있지만, 평화와 자유를 이 정도 누릴 수 있는 건 과거 치열하게 싸우신 분들 덕이다. 가시밭길을 평평하게 닦아주신 분들을 본받아, 지금의 대한민국을 더 공정하고 투명한 나라로 만들기 위해서 어떤 노력을 할 수 있을까? 현재를 살아가는 우리에게 이 과제는 평생의 숙제일 것이다.

경찰의 폭력에 맞서 싸우다 서울역 광장

서울역이 처음 민주화 운동과 관련하여 크게 조명을 받은 것은 1980년 5월 15일이다. '비상계엄 해제'와 '정치일정 단축' 등을 요구하며 3일째 거리 집회와 시위를 벌이던 학생과 시민 10만여 명이 서울역

서울역 광장에서 걸음을 재촉하는 사람들의 모습

광장에 집결했다. 학생들은 신군부가 정국혼란을 빌미로 정세를 반전시킬 수 있다고 우려하여 시위를 해산하는 '서울역 회군'을 단행했다. 이것은 10.26 사건부터 5.17 비상계엄 전국 확대조치까지 이어진 '서울의 봄'이 종료되는 것을 의미했다.

6월 민주 항쟁에서도 서울역은 거리정치의 중심지였다. 특히 '국민평화대행진'이 개최되었던 6월 26일에는 군중 수만 명이 경찰의 폭력에 맞서 항거했다. 전국 주요 도시와 시, 군에서 전개된 국민평화대행진은 서울 25만여 명을 비롯하여 광주 20만 명, 인천 2만 5,000명, 부산 5만 명, 대구 4만 명, 대전 5만 명, 마산 2만 명 등 전국적으로 100만 명 이상이 참가한 6월 민주대항쟁 중 최대 규모의 시위였다. 이 밖에도 학생과 노인, 여성, 회사원과 노동자를 막론하고 많은 시민들이 독재정부에 맞서 서울역에서 시위를 했다.

조작된 사건, 억울한 죽음 **국가안전기획부 옛터**

　독재시절의 대명사인 국가안전기획부는 사라지고 지금은 옛터만
남았다. 국가안전기획부는 국가안보와 관련된 국내외 정보 수집과 분
석 및 범죄수사를 담당하던 대한민국의 중앙행정기관이었다. 이곳에
서 일어난 대표적인 사건은 유신헌법 준비계획(풍년사업), 최종길 교
수 의문사 사건, 인혁당 재건위 사건, 크리스천 아카데미 사건, 김대중
내란음모 사건, 구미유학생간첩단 사건 등이 있다. 국가안전기획부의
전신은 박정희 정권 때 창설된 중앙정보부이다. 중앙정보부는 대통령

왼쪽 장애인 주차장 자리에서 최종길 교수가 사망했다.

직속 국가 최고 정보기관으로 1980년 국가안전기획부로 확대 개편되었다. 국가안전기획부가 신청사로 이전하면서 서울시가 건물을 인수했고 지금은 서울유스호스텔로 바뀌었다.

최종길 교수 의문사 사건은 장준하 의문사와 더불어 유신 체제의 대표적 의문사 사건이다. 1973년 10월 16일 서울대학교 법과대학 최종길 교수는 당시 중앙정보부 직원이자 막내 동생인 최종선과 함께 중정에 자진 출두했다. 동백림 간첩단 사건에 관해 조사를 받기 위해서였다. 그로부터 사흘 후인 19일 새벽, 최종길 교수는 중정 건물 앞에서 사체로 발견되었다. 중정에서는 그가 사건에 연루된 것이 들통 나자 화장실에 간다고 하고는 7층에서 뛰어내렸다고 거짓 발표를 했다.

최종길이 자진 출두하기 전 최종선은 간첩 사건 관련으로 중앙정보부가 형에게 관심을 갖는다는 얘기를 들었다. 최종선은 직속상관과 동료인 담당 수사관에게 형이 조사받을 시 비인격적인 대우가 없도록 요청했다. 하지만 최종길 교수는 10월 19일에 싸늘한 주검으로 발견되었다. 2002년 '의문사 진상 규명 위원회'는 최종길 교수가 간첩임을 자백한 사실이 없고 중정에서 고문한 사실이 확인됐다고 발표했다. 최 교수가 고문당해서 멍든 엉덩이 사진 등도 자료로 제출했다. 이로써 최종길 교수의 죽음은 사후 29년 만에 타살임을 국가기관에서 공식적으로 인정받았다.

인민혁명당 재건위원회 사건은 국가가 법을 이용해 무고한 국민을 살해한 사법살인이자 박정희 정권 시기에 일어난 대표적 인권 탄압의 사례로 알려져 있다. 1974년 4월 3일 박정희 대통령은 불법 단체인 전국민주청년학생총연맹이 반국가적 불순 세력의 조종 하에 '인민 혁명'을 꾸미고 있다고 발표했다. 중앙정보부는 1964년 1차 인혁당 사건으로 도예종 등을 구속 수사한 바 있다. 그리고 1974년 1차 인혁당 사건 관련자들을 다시 구금하고 수사했다. 사건 관련자들이 인혁당을 재건하려는 지하 비밀조직을 만들어 학생 데모를 배후 조종 하는 등 국가변란을 꾸몄다는 혐의였다.

1975년 4월 8일 7명이 사형, 8명이 무기징역, 4명이 징역 20년, 3명이 징역 15년을 선고받았다. 인혁당 재건위 사건으로 사형을 선고받은 7명인 도예종, 김용원, 서도원, 송상진, 우홍선, 이수병, 하재완과 민청학련 관련자 여정남까지 8명은 대법원에서 형 확정 18시간 만인 다음날 새벽 4시 55분경 전격적으로 사형이 집행되었다. 이들은 특별 면회가 있다는 소식에 잠이 다 깨지 않은 상태에서 교도관의 부축을 받으며 사형장으로 옮겨졌다. 그렇게 재심 청구할 기회도 갖지 못한 채 8명은 허망한 죽음을 맞이했다.

2002년 의문사진상규명위원회가 인혁당 사건은 조작이라고 발표하기 전까지 유가족들은 말로 헤아릴 수 없는 고통 속에서 살았다. 군사정권이 물러나고 민주화가 되면서 2000년 이후 국가 차원에서 진상조사가 실시된 것이다. 2005년에는 '국가정보원 과거사 위원회'가 이 사건을 조사했고 고문에 의한 조작사건이라는 것이 밝혀졌다. 2007년 법원은 인혁당 사건을 재심하기로 결정했고 32년 만에 그들은 무죄선고를 받았다.

TIP 동백림 간첩단 사건

당시 중앙정보부가 독일과 프랑스로 건너간, 194명에 이르는 유학생과 교민 등이 동베를린의 북한 대사관과 평양을 드나들고 간첩교육을 받으며 대남적화활동을 했다고 주장한 사건이다.

서울유스호스텔(옛 국가안전기획부)
http://seoulyh.go.kr/
주소: 서울특별시 중구 필동 퇴계로26가길 6
대중교통: 지하철 4호선 명동역 1번 출구 도보 842m

자욱한 최루가스 속에 지켜낸 민주주의 **충무로역**

충무로역은 동국대학교와 명동성당 등
이 인접해 있고, 서울광장으로 이동하기도
용이해서 6월 민주항쟁과 1991년 5월 투쟁
등 대규모 집회와 시위가 발생할 때마다
중요한 장소로 이용되었다. 1991년 5월 25
일 충무로역에서는 '노태우 정권 퇴진을
위한 제 3차 범국민대회'가 개최되어 매일
경제신문사 앞 도로는 인파로 가득했다.

대규모 집회와 시위 때마다 중요한 장소로
쓰인 충무로역 매일경제신문사 앞

시위를 제압하려던 백골단은 최루탄을 쉬지 않고 터트렸다. 최루가스
로 인한 고통으로 사람들이 널브러져 토할 때 백골단은 사람들 위를
뛰어다니며 진압봉을 휘둘렀다. 그곳에서 시위하던 김귀정도 최루가
스에 고통스러워하다 백병원으로 옮겨졌으나 결국 사망했다.

> **TIP** **노태우 정권 퇴진을 위한 제3차 범국민대회**
>
> 1991년 5월 25일 공안통치 분쇄 및 민주정부수립을 위한 범국민대책위가
> 주최한 제3차 범국민대회에 참여하기 위해 대한극장 주변에 1만 여명의
> 사람들이 집결했다. 오후 5시경 시작된 시위는 시간이 지나자 3만여 명으
> 로 늘어났다. 5시 20분경 전경과 백골단이 명동방면과 퇴계로 6가, 스카
> 라극장 세 방면에서 페퍼포그를 앞세우고 엄청난 양의 최루탄을 쏘았다.
> 이 날 동원된 경찰은 각 방향 5개 중대씩 15개 중대 1,800여 명이었고 계
> 속 인원이 늘어났다. 이때 10분 동안 경찰이 사용한 최루탄의 양은 다연
> 발 160발 사과탄 114발 KP 672발 등 모두 946발로 대한극장 일대는 최루
> 가스로 자욱했다.

충무로역

대중교통: 지하철 3호선 충무로역에서 하차

민주화 운동의 중심지 **향린교회**

1967년 12월 완공된 지금의 향린
교회는 한국기독교장로회 대표교회
중 한 곳이다. 건물구조는 지상 4층,
지하 1층의 콘크리트 골조 건물로
이루어져 있다. 외벽 일부에 적벽돌
과 화강석을 두른 60년대 사무용 건
물의 외관을 띤다. 진보적 전통을 살
려 전통 교회 스타일을 벗어나 친근
하고 일상적인 공간 분위기를 만든
다는 것이 교회당 건립의 원칙이었
다. 교회 종탑이나 십자가를 건물 바
깥에 세우지 않고 예배실 천장을 낮

기둥에 부착된 '6월 민주 항쟁 기념비'
를 볼 수 있다.

추고 고딕창 등의 장식적 요소를 쓰지 않은 것도 원칙에 따른 것이다.

1987년 5월 27일 이곳에서 재야인사 150여 명이 모여 6월 민주 항쟁
을 주도했던 '민주헌법쟁취국민운동본부'의 발기인 대회와 창립대회
를 개최했다. 2007년 6월 3일에는 향린교회 정문기둥에 '6월 민주 항
쟁 기념비'를 부착하여 80년대 이래 숱한 시국 관련 집회와 회의가
열리면서 재야·교계·민주화·통일 운동의 중심지라는 것을 보여주
었다.

향린교회

주소: 서울특별시 중구 명동 명동13길 27-5
대중교통: 지하철 2호선 을지로3가역 12번 출구 도보 306m

시민들이 모여 민주화를 외치다 **명동성당**

명동성당 내부는 고딕적인 분위기인 반면, 구조체계와 공법은 로마네스크 양식에 가까운 구조를 가졌다. 아름다운 외형 뒤에는 뜨거웠던 민주화 운동 역사를 가지고 있다. 1974년 지학순 주교가 '인민혁명당 재건위원회' 사건과 '전국민주청년학생총연맹' 사건으로 체포되자 명동성당에서 '천주교 정의구현 전국사제단'이 결성되었다.

아름다운 외형 뒤에 뜨거웠던 민주화운동 역사를 가지고 있는 명동성당

1974년 4월 대학생들의 유신반대 투쟁 운동에서 '전국민주청년학생총연맹' 명의로 된 성명서가 발표된다.

박정희는 긴급조치 제4호를 선포하고 전국민주청년학생총연맹과 관련된 사람들은 최고 사형부터 무기 또는 5년 이상 유기징역에 처했다. 긴급조치 4호로 인해 시위를 하다 붙잡히면 민간재판이 아닌 군사재판을 받아야 했다. 조사받은 사람만 1,024명이고 180명이 기소 당했다. 구형된 징역 형량을 총합하면 1,650년이 된다. 군사재판소 안에서는 "사형, 무기(징역)"라는 소리가 계속 들렸다. 이 사건은 유신체제 반대운동에 기름을 부었다. 검거된 사람들이 고문을 당한 사실이 국제적으로 알려지면서 유신정권의 인권유린 문제가 국제 여론의 주목을 받게 되었다.

1976년에는 야당과 재야인사들이 명동성당에서 박정희 퇴진을 요구하는 '민주구국선언'을 발표했다. 1987년 5.18민주화운동 7주기 추모미사 때 박종철 고문치사 은폐 조작 폭로와 6월 10~15일 명동성당

농성은 6월 민주항쟁의 중대한 전환점이 되었다. 1995년에는 5.18 특별법 제정을 요구하는 농성이 173일 동안 전개되었다.

명동성당
주소: 서울특별시 중구 저동1가 명동길74
대중교통: 지하철 4호선 명동역 10번 출구 도보 427m

근현대사의 중요한 역사 서울광장

지금의 서울광장이 '서울광장'으로 명명되고 오늘날과 같은 모습을 갖춘 것은 2004년 이후이다. 서울광장은 3.1운동, 4.19혁명, 한일협정 반대운동, 6월 민주항쟁의 공간적 배경이 되는 등 근현대사의 중요한 사건들이 벌어졌던 장소이다.

서울광장
주소: 서울특별시 중구 을지로1가 세종대로 110
대중교통: 지하철 1호선 시청역 5번 출구

민주화운동에서 빠질 수 없는 서울광장. 초록색 잔디가 돋아나있다.

미국에게 사과를 요구하다 **옛 미국문화원**

1985년 5월 23일 서울지역 다섯 개 대학교 학생 73명이 서울의 미국문화원 2층을 점거했다. 학생들은 미국에게 5.18 민주화 운동 당시 신군부 지원에 대한 사과와 군사독재에 대한 지원 중단을 주장하며 3일 동안 단식농성을 벌였다. 미국문화원은 2015년 7월 30일에 그레뱅 뮤지엄으로 개관했다가 2019년 5월 31일로 폐관했으며, 최근 새로운 전시 공간으로 조성한다는 계획이 발표되었다.

옛 미국문화원

주소: 서울특별시 중구 을지로1가 을지로 23
대중교통: 지하철 1호선 시청역 도보 455m

6월 민주항쟁의 첫걸음 **대한성공회 서울 주교좌성당**

외관이 아름다운 이곳은 전형적인 서양 건축양식에 한국의 전통미를 조화한 건축물로 서울시 유형문화재(제35호)로 지정된 곳이다. 1987년 6월 10일 이곳에서 '박종철 군 고문살인 은폐 규탄 및 호헌 철폐 국민대회'가 열렸다. 전두환 정권이 박종철 고문치사 사건을 축소 은폐하려고 했을 뿐만 아니라 국민들의 대통령직선제 요구를 받아들이지 않는 것을 규탄하는 자리였다. 이 국민대회는 6월 민주항쟁이 본격화되는 첫걸음이었다. '6월 민주항쟁 10주년 기

꽃과 나무들 사이에 성공회성당이 보인다.

념사업 범국민추진위원회'는 이 날을 기념하여 1997년 6월 10일 성공회 성당 뒤편에 '유월 민주항쟁 진원지' 표지석을 설치했다.

서울 주교좌성당
주소: 서울특별시 중구 정동 세종대로21길 15
대중교통: 지하철 1호선 시청역 3번 출구 도보 200m

가깝지만 몰랐던 끔찍한 고문의 역사 **민주인권기념관**

민주인권기념관은 1976년 옛 남영동 대공분실 건물을 중심으로 만들어졌으며 이후 경찰청 인권센터로 사용되었다. 2018년 경찰청 관리에서 행정안전부로, 경찰청장에서 행정안전부 장관으로 관리권한이 이관되어 2022년 정식 개관을 앞두고 있다.

1987년 1월 14일 서울대생 박종철이 치안본부 남영동 대공분실로 연행되었다. 경찰은 '민주화 추진 위원회' 관련 수배자의 행방을 조사

박종철이 사망한 509호에 마련된 추모공간

일반 창문에 비해 폭이 좁고 긴 창문

했고, 원하는 대답이 나오지 않자 물고문 등을 자행하여 그를 죽게 만들었다. 1985년에는 이곳에서 김근태 의원에게 23일간 전기고문과 물고문을 행한 일도 폭로되었다.

민주인권기념관은 남영역에서 아주 가까운 거리에 위치한다. 이곳 5층에서는 전철 다니는 소리와 안내 방송까지 생생하게 들렸다. 남영동 대공분실은 시민들이 알아보지 못하도록 '00해양연구소'라는 간판으로 철저히 위장했으므로 사람들은 고문이 자행되는 곳인지 몰랐다. 이 건축물은 건축가 김수근이 제작했다. 붙잡혀온 민주열사와 재야인사, 반정부 가담자들은 철제로 만든 나선형 계단을 통해 취조실로 연행되었다. 철제 계단은 발자국 소리를 증폭시켜 공포심을 더해주었다. 또한 방향감각을 상실하게 하여 붙잡혀온 이들이 정확한 건물의 층수나 위치를 알지 못하도록 했다. 문 윗부분에도 현재 몇 층인지 알 수 없도록 7,8,9라는 숫자만 표기되어 있는 것을 볼 수 있다.

대공분실이 있는 5층 창문을 보면 일반 창문과는 다르게 제작되었다는 것을 한눈에 알 수 있다. 위아래 다른 층 창문에 비해 유독 좁고 긴 형태로 되어 있다. 또한 5층 내부 조사실의 문들은 복도를 사이에 두고 서로 겹쳐지지 않은 구조이다. 혹여나 문이 열렸을 시에도 고문받는 이들이 서로를 확인하지 못하도록 만들었다.

건축가 김수근의 제자들은 설계한 사람의 잘못이 아니라 건축물을 악용한 사람의 잘못이라며 스승을 옹호하고 있다. 과연 그가 설계하면서 건축물의 의도를 몰랐을까? 의뢰를 받아서 제작만 했다고 하기에는 건축물 구조가 너무 악질적으로 제작되었다. 그도 이 사실을 알기에 자신의 업적에서 대공분실을 빼고 언급했을지 모른다. 얼마나 많은 운동가들이 이곳에서 목숨을 잃고 두려움에 몸부림을 쳐야했을까, 피해자와 유가족들이 겪었던 감정을 온전히 이해할 수는 없지만 전해만 들었던 장소에 실제로 와보니 절로 숙연해졌다.

역사에는 많은 교훈이 담겨 있다. 역사를 알아야만 비슷한 일이 발생했을 때 더 유연하게 대처할 방법을 찾을 수 있다. 민주화 운동의 역사는 정부와 국민이 대립해야 했던 아픈 역사이기도 하며, 결국에는 국민들이 승리하여 민주주의를 쟁취한 역사이기도 하다. 역사를 배우고 기억하는 것이 민주주의를 위해 애쓰신 분들에게 감사하는 방법이라 생각한다. 또한 대한'민'국을 지켜낼 수 있는 방어책이기도 하다.

민주인권기념관
https://dhrm.or.kr
주소: 서울특별시 용산구 한강대로71길 37 6층
전화번호: 02-6918-0102
운영시간: 화~일요일 오전 9시 30분~오후 5시 30분
휴무일: 매주 월요일, 1월1일, 설·추석 연휴
입장료: 무료
대중교통: 지하철 1호선 남영역 1번 출구 도보 320m

민주열사들의 쉼터 **모란공원묘지**

차를 타고 달려간 남양주. 모란미술관 옆에 모란공원이 있다. 이곳에는 민족민주열사·희생자묘역이 있다. 민주열사묘역은 노동의 길, 민주의 길, 인권의 길 세 갈래로 나눠진다.

묘역이 넓고 커서 지도를 보고 찾기에는 어려움이 있으니, 시간적 여유를 가지고 방문하는 것을 추천한다. 위쪽에 민주열사의 이름이 적힌 표지판을 참고하면 훨씬 쉽게 찾을 수 있다. 모란공원을 처음 방문했기에 일단 잘 알려진 열사부터 찾아갔다. '민주인권기념관'을 다녀온 뒤의 일정이라 박종철 묘부터 찾았다. 박종철 묘는 초혼장(시신을 찾을 수 없는 경우 지내는 장례) 묘로 되어 있다. 박종철이 물고문으로

문익환 목사와 박용길 장로의 합장묘를 볼 수 있다.

사망한 뒤 경찰은 바로 시신을 화장해버렸다. 그래서 박종철의 아버지 박정기는 얼음이 언 임진강에 아들의 유골을 뿌릴 수밖에 없었다.

박정기는 아들의 무덤을 제대로 만들어주지 못한 것이 한이 되어 1989년 3월 3일에 초혼을 해서 여기에 박종철의 무덤을 만들었다. 박종철의 죽음 이후 박정기는 민주화 운동에 앞장서다 2018년 7월 28일에 막내아들 박종철 옆에서 영원한 안식을 취하게 되었다.

두 번째로 찾아간 묘는 문익환 목사와 박용길 장로의 합장묘이다. 문익환과 그의 동생 문동환, 외사촌 윤동주는 명동 촌에서 함께 어린 시절을 보냈다. 명동학교에서 문익환, 윤동주, 나운규 등이 공부했고, 일제의 탄압으로 폐교된 뒤 용정에 연 은진중학교에서는 문동환과 안병무, 강원용 등이 공부했다.

은진중 교목校牧(학교에서 크리스트교 교육을 맡아보는 목사)은 기독교장로회와 한신대 설립자인 김재준이었다. 문익환 목사와 문동환 목사는 해방 직후 월남하여 민주화 운동에 동참했다. 두 사람은 평생을 민주화 운동과 통일 운동에 헌신했으며, 어려운 이웃들과 아픔을 함께했다. 문익환과 문동환은 뜨겁고 치열했던 삶을 마치고 지금은 마석 모란공원에서 영원한 안식을 취하고 있다.

그리고 '광주는 살아있다! 청년학도여 역사가 부른다! 군부파쇼 타도하자!'라고 외친 뒤 숭실대학교 학생회관 옥상에서 분신한 박래전, 국가안전기획부에서 조사를 받다 의문사한 최종길, '우리들은 기계가 아니다, 근로기준법을 준수하라'라고 소리치며 열악한 노동환경을 바꾸고자 한 전태일과 그를 대신해 꿈을 이뤄주고자 했던 어머니 이소선을 만날 수 있다.

모란공원묘지
주소: 경기도 남양주시 화도읍 경춘로2110번길 8-102
운영시간: 월~일요일 오전8시|30분~오후5시

민주화 운동 정신을 이어받다 **민주화운동기념사업회**

민주화운동기념사업회는 민주화 운동 정신을 계승하고 발전시키기 위해 2001년 국회에서 제정된 민주화운동기념사업회법에 따라 설립되었다. 그리고 2007년 4월 11일 행정안전부 산하 기타 공공기관으로 지정되었다.

사업회는 국가기념일인 6.10 민주항쟁 기념식 개최를 포함하여 민주화 운동 정신 계승사업, 민주화 운동 관련 수집 사업, 국내외 민주화 운동 및 민주주의 조사 연구 사업, 민주시민 교육 사업 등 우리 사회 민주주의 발전을 위한 다양한 과제를 수행한다. 또한 '민주생활'이라는 전시회를 통해 민주주의의 과거와 오늘, 그리고 미래의 이야기를 볼 수 있다. 전시를 관람하면서 미션을 수행할 수 있도록 QR코드(모바일 활동)도 만들어 놨다. 정해진 시간 안에 구역마다 주어진 퀴즈를

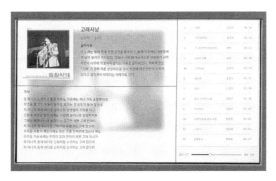
'고래사냥'의 가사와 금지된 이유가 적혀 있다.

풀며 민주사회의 구성원으로 가져야 할 태도는 무엇이고, 생활 속 민주주의는 어떤 것들이 있는지 알아볼 수 있다.

독재정권 시절 정부는 타당하지 않은 이유로 국민들이 누려야 할 문화생활을 간섭했다. 김정미의 노래 '바람'은 신음소리를 연상케 하는 창법이 저속하다는 이유로 금지곡 판정을 받았다. 지금도 유명한 송창식의 '고래사냥'은 시위 때 데모 곡으로 사용되는 바람에 시의에 적절하지 않다는 이유로 금지되었다. 제목에 있는 "고래"가 권력자를 상징하므로 당시 정권에 대한 반란의 소지가 있다고 해서 금지곡이 되었다는 이야기도 있다.

1948년 12월 1일 제정된 법률인 국가보안법은 현재도 적용되고 있다. 국가보안법 때문에 금지되었던 책과 노래, 영화 등을 종이에 적는다면 아마 끝이 없다는 느낌을 받을 것이다. 이것을 보면 지난 시절 정부에서 국민들의 문화를 얼마나 억압해왔는지 알 수 있다. 이곳 전시관에는 민주화 운동에 동참했던 인물, 남영동 대공분실 고문피해자 구술기록, 4.19혁명, 5.18 민주화 운동, 6.10 민주항쟁에 관한 자료들이 정리되어 있고, 이해를 돕기 위한 영상도 준비되어 있다.

"대한민국은 민주공화국이다. 대한민국의 주권은 국민에게 있고,

6.10 민주항쟁 자료. 화면에 카드를 올려놓으면 관련 정보가 뜬다.

모든 권력은 국민으로부터 나온다." "민주공화국 대한민국 우리가 만들어 온 민주주의 역사입니다" 라고 전시회는 말한다. 이 전시회는 우리들이 잊고 살아가던 민주주의의 가치에 대해 상기시켜준다.

민주화운동기념사업회

https://www.kdemo.or.kr
주소: 경기도 의왕시 내손순환로 132
전화번호: 031-361-9500
운영시간: 화~금요일 오전 10시~오후 5시
휴무일: 토요일, 공휴일
입장료: 무료
대중교통: 지하철 4호선 인덕원역 4번 출구 → 인덕원사거리. 인덕원역 정류장까지 걷기
　　　　 → 8-1, 1-5 버스 승차 → 백운고교 정류장에서 하차 → 도보179m

한열이를 살려내라, 6월 민주항쟁의 기록 이한열기념관

6월 민주항쟁에서 6.29 선언으로 넘어가는 계기가 된 이한열 열사의 기념관이다. 2004년 이한열 가족이 국가로부터 받은 배상금을 내놓아 마련한 터에 모금을 더해 기념관을 세웠다. 이곳에서는 이한열의 유품과 1987년 6월 항쟁 관련 자료들을 전시하고 있다. 2015년부터는 '보고 싶은 얼굴' 전을 통해 다른 열사들에 관한 전시회도 열고있다. 이한열 기념관은 전시1층과 2층으로 나눠져 있다. 2층은 이한열의 유품, 당시 입고 있던 옷, 아버지와 어머니께 보내는 편지와 어머니의 편지 등 이한열에 관련된 물품들이 전시되어 있다.

이한열은 전라남도 화순군 능주면 남정리에서 태어났다. 다섯 살이되었을 때 광주시 지산동으로 이사했다. 5.18 민주화 운동 당시 광주에서 살았으면서 민주화 운동 관련 사실을 알지 못한 것에 많은 죄책감을 느끼고 스스로를 부끄러워했다. 그래서 누구보다 민주화 운동에앞장서서 동참하려 노력했다. 이한열은 생전에 자신 이름 중 '열烈'자가 매울 열이라면서 자신과 최루탄은 불가분의 관계라고 이야기했다. 4.19혁명 때 최루탄에 희생된 김주열과 이름의 끝 글자가 같다며 본인을 비교하기도 했다. 이한열은 자신의 동아리 방 벽에 이러한 글을

이한열이 부모님께 보낸 편지와 어머니가 이한열에게 보낸 편지

이한열이 최루탄에 피격될 당시 입고 있던 옷과 신발

남겼다. "최루탄 가스로 얼룩진 저 하늘 위로 날아오르고 싶다." 1987년 6월 9일 이한열은 연세대학교 도서관 앞에서 호헌조치에 맞서 시위를 하고 있었다. 그 때 경찰이 발사한 최루탄을 후두부에 맞고 사경을 헤매다 7월 5일에 사망한다. 그가 동아리 방에 남긴 말처럼 이한열은 우리 곁을 떠났다.

당시 이한열이 신고 있던 신발 한 짝을 한 여학생이 보관하고 있다가 이한열이 병상에 누워 있는 병원으로 가져다주었다. 그때까지만 해도 모두 이한열이 깨어날 줄 알았지만 그는 꼭 감은 두 눈을 다시는 뜨지 못했다. 운동화는 세월의 흐름에 풍화되었지만 2015년 2월 26일부터 5월 31일까지 김겸 미술품 보존 연구소에서 보존처리를 진행했다. 6월 민주항쟁 이후 6.29민주화선언이 진행되었다. 국민들이 그토록 원하던 독재정권이 끝나고 대통령 직선제를 쟁취하는 순간이었다.

이한열기념관
http://www.leememorial.or.kr
주소: 서울특별시 마포구 신촌로 12나길 26 이한열기념관
전화번호: 02-325-7216
운영시간: 월~금요일 오전 10시~오후 5시
휴무일: 주말 (주말과 공휴일은 홈페이지 예약으로 운영됨)
입장료: 무료
대중교통: 지하철 신촌역 8번 출구 도보 351m

진정한 인권운동가 **함석헌기념관**

함석헌은 1956년부터 〈사상계〉를 매개로 활동했다. 1958년 〈사상계〉에 발표한 '생각하는 백성이라야 산다'에서는 자유당 정부를 비판

하여 투옥되기도 했다. 1970년에 시
사평론 잡지 〈씨올의 소리〉를 창간
하여 민주회복을 호소했으나 당국
의 통제로 폐간과 복간을 반복했다.

함석헌은 3.1운동, 비폭력운동, 민
주화운동, 평화통일운동까지 펼쳤
던 인권운동가이다. 한국에서 유일
하게 두 차례 노벨평화상 후보로 추
천되기도 했다. 1983년부터 아들 함
우용의 집으로 거처를 옮겨 말년을

함석헌이 창간한 〈씨올의 소리〉이다.

보내면서 간디 추모 강연, 서울올림픽 평화대회 위원장으로서 '서울평
화선언'을 제창하는 등 왕성한 활동을 펼쳤다. 함석헌기념관은 함석헌
이 거주했던 집을 기념관으로 개관했다. 지상 1층은 전시관으로, 창고
로 사용했던 지하 1층은 세미나실, 게스트룸, 도서열람실 등 주민 커뮤
니티 공간으로 조성했다. 전시관에서는 함석헌의 육필원고와 저서, 유

함석헌을 만났던 사람들의 말을 통해 그가 어떤 인물이었는지 알려준다.

품 등을 전시했으며, 정보 검색과 영상을 통해 인간 함석헌의 면모를
느낄 수 있다.

TIP 사상계思想界

1953년 4월 창간한 월간 종합교양지로, 발행인은 장준하이다. 〈사상계〉의
발행목적은 바른 말을 하자, 한 사람이 죽는 일이 있더라도 옳은 말을 하
자, 유기적인 공동체를 기르는 일을 하자는 것이었다.

함석헌기념관

http://hamsokhon.dobong.go.kr
주소: 서울특별시 도봉구 동보로 123길 33-6(쌍문동)
전화번호: 02-905-7007
운영시간: 화~일요일 오전 9시~오후 6시
휴관일: 매주 월요일, 1월1일, 설날 연휴, 추석 연휴
입장료: 무료
대중교통: 지하철 4호선 쌍문역 4번 출구 도보 654m

평양 숭실중학교시절 문익환과 윤동주의
모습이다.

민주주의는 민중의 부활이다
문익환 가옥(통일의 집)

문익환 목사는 항일운동, 민주화 운동, 통
일 운동까지 근현대사에서 빠질 수 없는 인
물이다. 그는 어린 시절 동생 문동환, 외사촌
윤동주와 명동 촌에서 보냈다. 윤동주와는
둘도 없는 친구로 지냈지만 시대적 배경이
암울했듯, 평화로운 나날들은 오래 유지되지

않았다. 윤동주는 1936년 말 신사참배 강요에 항의하는 뜻에서 숭실중학교를 자퇴하고 고향 용정으로 돌아와 광명중학교로 편입했다. "숭실학교에 대한 일제의 신사참배 강요는 민족감정과 기독교 신앙을 한꺼번에 짓밟는 사건이었다. 동주와 나는 서로의 심정을 묻지 않았다. 묻지 않아도 다 아는 듯 우리는 말없이 짐을 꾸려가지고 북간도로 돌아가고 말았다"라고 문익환은 서술했다.

문익환이 직접 쓴 붓글씨가 적힌 도자기이다.

　문익환과 문동환은 해방 이후 월남하여 민주화 운동과 통일 운동에 힘을 쏟았다. 특히 문동환 목사는 '살아있는 근현대 박물관'이라고 불리며 향년 98세 마지막까지 공동체적 삶에 대한 열정을 잃지 않았다. 문익환은 운동가가 되기 전에 친구인 윤동주와 장준하를 잃어야 했다. 후쿠오카 교도소에서 정체를 알 수 없는 주사를 맞다 옥사한 윤동주와 하산을 하다 의문사한 장준하를 생각하며 자신의 목소리는 이 두 사람의 목소리이고, 안타깝게 생을 마감해야 했던 민주화 운동가들의 목소리라고 말했다.

　문익환은 전태일 분신항거를 목격한 이후부터 민주화 운동에 참여하기 시작했다. 기념관에서는 당시 문익환 모습을 담은 사진과 박용길 장로와 주고받은 편지들, 문익환·박용길의 발 페인트, 문익환이 직접 작성한 붓글씨 도자기 등을 볼 수 있다.

　문익환 목사는 평생을 민주화 운동과 통일 운동에 헌신했으며, 어려운 이웃들의 아픔을 보듬어준 인물이었다. 1994년 심장마비로 숨을 거둔 뒤 부인 박용길 장로가 '통일의 집'이라는 현판을 써 붙이고 집을 시민들에게 공개했다. 문익환 목사 탄생 100주년을 맞아 시민들의 후원으로 집을 복원하여 2018년 6월 1일에 박물관으로 재개 관했다.

통일의 집

http://www.문익환.닷컴

주소: 서울특별시 강북구 인수봉로 251-38

전화번호: 02-902-1623

운영시간: (월~금) 오전 10시~오후 5시 (토) 오후 1시~오후 5시

휴무일: 공휴일 (단체관람과 시간 외 관람은 예약해야 함)

입장료: 무료

대중교통: 지하철 우이신설경전철 가오리역 2번 출구 도보752m

비참하고 끔찍한 노동환경과 맞서다 **전태일 기념관**

서울시는 전태일을 기념하기 위해 그가 활동했던 청계천에 기념관을 세웠다. 전태일은 청계천 평화시장의 한 공장에서 일하던 노동자였는데 어느 순간 자신의 열악한 노동 현실을 깨닫는다. 그리고 노동

환경을 개선하고 노동법을 지키라고 세상을 향해 외치면서 분신항거를 했다. 가난했지만 배움에 행복했고 나눔을 기뻐했던 전태일. 그는 아버지의 사업 실패로 대구와 부산, 서울을 오가며 떠돌이 생활을 해야만 했다. 어린 나이에도 가족의 생계를 책임지기 위해 우산장사, 구두닦이, 신문팔이 등을 하며 어린 시절을 보냈다. 전태일은 청옥고등공민학교 시절을 가장 행복한 때로 기억하고 있다.

평화시장 노동실태 조사 설문지와 바보회 회장 명함이다.

전태일은 열일곱 살에 본격적으로 평화시

장의 봉제 노동자가 되었다. 기술을 배워 생계를 책임지겠다는 그의 바람과는 다르게 노동환경은 굉장히 열악했다. 어린 시다들이 저임금 노동에 시달려 제때 끼니를 먹을 수도 없는 모습을 보고 안타까워했다. 전태일은 자신의 버스비를 털어 여공들에게 풀빵을 사다주고, 2시간 이상 걸어 집에 가기를 반복했다.

그는 노동환경을 바꾸기 위해 '노동자는 바보가 아니다'라는 뜻의 '바보회'를 설립했고 그 이후엔 '삼동친목회'를 결성하여 노동실태를 조사했다. 기념관에서는

당시 노동자의 환경을 재현한 '다락방 속 하루'

실제 노동자가 작성한 노동실태 조사용 설문지를 볼 수 있다.

기념관에서 가장 기억나는 부분은 '다락방 속 하루'라는 작품이다. 당시 노동자의 환경을 재현한 공간인데 1.5미터밖에 안 되는 천장에 놀랐다. 1970년대 당시 공장 노동자들은 하루에 12~13시간 일하고 고작 한 달에 1~2번 쉴 뿐이었다. 긴 시간동안 허리 한번 제대로 펴지 못하고 일해야 했던 노동환경은 감옥과 다를 바가 없었을 것이다.

끔찍한 노동환경을 개선하고자 했던 전태일은 모범업체 '태일피복'을 설립하고자 한다. 태일피복은 48시간으로 노동시간을 줄였고 임금을 인상시켰다. 천장높이 3미터, 환풍기 설치, 대형공용화장실과 샤워실 설치, 조립식 탁구대와 도서실, 농구대 등을 설치하도록 설계했다.

전태일은 자신의 한 쪽 눈을 기증하여 돈을 마련하려 했지만 '태일피복' 설립의 꿈은 사업자금 부족 탓에 결국 좌절되었다.

그 이후 전태일은 죽음을 각오한 적극적인 투쟁을 하며 근로기준법 화형식을 결심한다. 현수막을 준비해 노동환경 개선을 요구하며 시위를 벌였다. 시위 소식을 들은 노동자들은 평화시장에 모였고 그 주변을 경찰들이 에워쌌다. 삼동회 회원들은 주위를 향해 노동자의 요구를 들어줄 것을 외쳤지만 경찰들은 들은 체도 하지 않고 오히려 현수막을 뺏었다. 경찰의 방해로 시위가 마무리될 무렵에 전태일은 온 몸에 휘발유를 붓고 자신의 몸에 불을 붙여 분신항거를 했다. 전태일의 죽음은 한국 노동사에 한 획을 긋는 사건이었다. 어머니 이소선은 아들의 뜻을 이뤄주기 위해 노동자의 어머니가 되기로 결심한다. 청계피복노동조합 투쟁에 앞장서고 1989년 의문사 진상 규명을 요구하며 135일간 농성을 벌였다. 1998~99년 국회 앞에서 422일 간에 걸친 장기 농성으로 '민주화 운동 관련자 명예회복 및 보상에 대한 법률' 제정에 기여하기도 했다.

아들 전태일의 꿈을 실현시키고자 노력했던 노동자의 어머니 이소선은 2011년 9월 3일 마석 모란공원에서 아들과 함께 영원한 휴식을 취하게 되었다. 칼퇴근이 아니라 정시퇴근, 남녀 모두 눈치 보지 않고 육아휴직을 할 수 있는 사회, 부당한 해고 금지. 전태일이 분신항거한 지 반세기가 지났지만 여전히 사람들은 당연히 누려야 할 노동 권리를 누리지 못하고 있다. OECD 국가 중 한국의 노동시간은 연간 2113시간이다. 예전에 비해 많이 호전된 것은 사실이나 우리가 누릴 수 있는 노동의 권

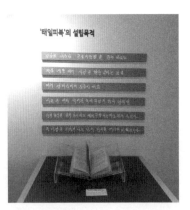

'태일피복' 설립목적과 사업계획이 빼곡하게 적혀있다.

리는 여전히 부족하다. 전태일 50주기가 되는 2020년 지금, 전태일의 꿈은 이루어지고 있을까?

전태일 기념관

https://www.taeil.org
주소: 서울특별시 종로구 청계천로 105
전화번호: 02-318-0903
운영시간: (3월~10월) 오전 10시~오후 6시 / (11월~2월) 오전 10시~오후 5시 30분
휴무일: 매주 월요일, 1월 1일, 설날(당일), 추석(당일)
이용료: 무료
대중교통: 지하철 2호선 을지로3가역 2번 출구 도보 355m

송유림_한중문화콘텐츠학과

"그럼 아주 오래전부터 계속 내가 있는 여기까지 걸어온 거구나. 역시, 천천히 오는 건 굉장해." 좋아하는 책의 한 구절이다. 느려도 좋으니 목표를 향해 묵묵히 걷는 사람이 되고 싶다.

일제강점기의 아픔을
품고 있는 서울

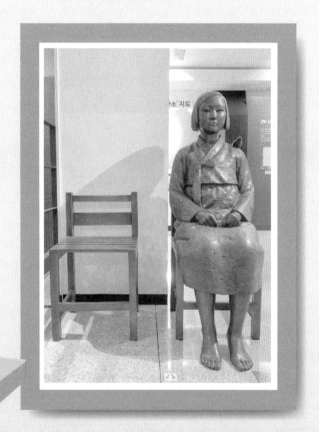

남산은 많은 이들의 사랑을 받는 한국의 대표적인 관광명소이다. 오늘날 인기 명소로 자리 잡은 남산은 사실 일제 침탈의 아픔이 남아 있는 곳이다. 조선은 갑신정변 이후 1885년 1월 9일 일본과 한성조약을 체결하고, 이 조약에 따라 일본 공사관의 대체 부지로 남산 일대를 제공했다. 이후 남산은 일본인들의 거주지로 자리 잡았고 일제는 조선을 통치하기 위한 여러 가지 시설을 남산에 설치했다.

일제강점기 국권 피탈의 흔적 남산

일제가 남산에 설치한 시설 중 한 곳이 바로 한국 통감관저이다. 통감관저는 이토 히로부미 등 한국 침략을 진두지휘했던 일본인 통감이 거처하고 집무를 보던 곳이다. 또한 1910년 8월 22일 3대 통감 데라우치 마사다케와 이완용이 한일 강제병합을 체결하는 도장을 찍은 곳이다. 현재 통감관저는 사라지고 그 터만 남았
는데, 통감관저 터에는 일본군 '위안부 기억의 터'와 '거꾸로 세운 동상'이 있다. 일본군 위안부 기억의 터에는 위안부 할머니들이 겪었던 고통 등 생생한 이야기가 적혀있다.

평생 잊지 말아야 할 치욕스러움의 증거인 거꾸로 세운 동상

일본군 위안부 기억의 터에서 조금만 걸어가면 거꾸로 세워진 동상이 나온다. 동상에 새겨진 글씨는 남작 하야시 곤스케 군상男爵林權助君像이다. 하야시 곤스케는 일본의 외교관으로 을사늑약 체결 등 한국 국권 침탈에 앞장선 자이다. 일제는 그 공으로 남작 작위를 내리고 국치의 현장인 통감관저에 그의 동상을 세웠다. 동상은 광

경술국치의 현장인 통감관저 터

복과 더불어 파괴되었지만, 과거 나라를 빼앗긴 아픔과 치욕스러움을 잊지 말자는 목적에서 동상의 흩어진 잔해를 모아 설치했다. 이것이 동상이 거꾸로 세워진 이유이다.

일제는 우리나라의 민족 정체성을 약화시키고 지배하기를 바랐다. 한일합병 이전부터 일본의 국가 신도神道를 조선에 강제하려는 정책으로 일본 신을 모시는 신사를 각 지역에 설립하고 백성들에게 참배를 강요했다. 신도는 일본의 고유 민족 신앙으로 선조나 자연을 숭배하는 토착 신앙이다. 신도의 신을 모시는 곳이 신사이고 왕족과 관련되거나 왕의 조상신을 모시는 곳이 신궁인데 남산에는 신사와 신궁 모두 존재했다. 대표적인 곳이 바로 경성신사京城神社, 노기신사社乃木神, 조선신궁朝鮮神宮이다.

경성신사는 일제강점기 때 세워진 신도의 신사이고 노기신사는 러일전쟁 당시 일본 육군을 지휘한 노기 마레스키를 모신 신사이다. 일본은 러일전쟁의 승자가 되면서 조선의 지배권을 손에 쥐었다. 일본 메이지 시대 러일전쟁의 영웅으로 추앙받는 노기 마레스키를 추모하기 위해 노기신사를 지은 것이다. 노기신사 또한 이제는 사라진 곳이다. 노기신사 터에는 남산원이 들어섰고 신사에 입장할 때 손을 씻었던 수조와 석재의 일부만 남아있다. 지금은 터만 있지만 수조와 석재가 발견된 것으로 보아 이곳에 신사가 있었다는 것을 추측해볼 수 있다.

노기신사의 수조와 석재 일부

조선신궁은 조선인을 일본 통치에 순응하게 하려고 만들어졌다. 당시 조선신궁 뒤쪽에는 태조 이성계가 조선을 건국할 때 하늘에 제사를 지내기 위해 지은 사당인 '국사당'이 있었다. 하지만 국사당이 조선신궁보다 높은 위치에 있다는 이유로 국사당을 인왕산으로 강제 이전시켜버렸다. 우리 민족의 정신적인 부분까지 완전히 지배하고자 한 것이다.

1925년에 완공된 조선신궁은 일본 건국 신화의 주인공인 아마데라스 오미가미와 메이지 천황을 숭배했다. 신사 중

조선신궁의 유일하게 남은 흔적, 조선신궁 배전 터

에서도 가장 높은 등급에 속하며 조선신궁에 모여 많은 일본인이 신사 참배를 했다. 조선인들의 강제참배도 이루어졌다. 1945년 8월 15일에 광복이 되고 그 다음 날인 8월 16일, 일제는 신사와 신궁에 모셨던 신들을 다시 하늘로 올려보내는 승신식을 거행했다. 그리고 자신들의 손으로 신사를 전부 소각하여 신궁의 흔적을 없앴다.

조선신궁은 하광장, 중광장, 상상광을 지나야만 가장 안쪽에 있는 참배 시설인 배전과 정전을 만날 수 있었다. 조선신궁이 소각된 후 많은 것이 바뀌어 조선신궁의 온전한 전경을 찾아보기 힘들지만 유일하게 남은 조선신궁 배전 터의 모습은 관람할 수 있다.

남산의 아픔을 품은 한양공원 비

 일본인들은 자신들을 위한 공원 만들기에도 힘을 썼다. 한양공원漢陽公園은 일제강점기 당시 일본인이 만든 대표적인 공원이다. 남산약 30만 평 규모의 땅을 무상임대 받아 한양공원을 만들고 1910년개원식을 했다. 이때 고종은 칙사를 보내 '한양공원'이라는 이름을 붙였다. '한양공원 비'는 공원 입구에 있었던 비석이다. 거리를 걷다 보면 한양공원 비가 덩그러니 세워진 모습을 볼 수 있다. 앞면에는 고종의 친필인 '한양공원'이 적혀있다. 비석의 뒷면은 훼손이 많이 되어글자를 알아볼 수 없는 상태이다.

 서울시는 남산 일대의 국권 상실의 현장들을 기억하고 상처를 치유하자는 뜻으로 '국치의 길'을 조성했다. 한국 통감관저 터를 시작으로조선총독부 터, 노기신사 터, 일제 갑오역 기념비 터, 경성신사 터,한양공원 비, 조선신궁 터 코스로 이루어져 있다. 천천히 걸으며 우리나라 아픔의 현장들을 더듬고 가슴속에 새기며 기억하기 좋은 코스이다. 관광명소로서의 남산이 아닌 역사적 아픔이 담긴 남산의 모습들을 보고 싶다면 가보는 것을 추천한다.

남산

http://www.junggu.seoul.kr/tour

주소: 서울특별시 중구 퇴계로 26가길 6 (통감관저 터 기준)

전화번호: 02-3396-4114

운영시간: 종일

휴무일: 없음

입장료: 없음

대중교통: 지하철 4호선 명동역 10번출구 도보 454m

　　　　　3호선 충무로역 10번출구 도보 544m

남산 맛집 - 먹산방

101번지 남산돈까스 본점- 돈까스

남산골 산채집- 산채비빔밥, 샐러드 돈까스 비빔밥

명동교자 본점- 만두, 칼국수

이름에 담긴 슬픈 역사 **덕수궁**

　덕수궁德壽宮은 대한제국의 역사가 담긴 아름다운 궁궐로, 궁에 들어서면 길게 펼쳐진 나무들을 볼 수 있다. 계절의 변화를 온몸으로 느낄 수 있는 이곳은 언제와도 아름다운 공간이다. 사실 덕수궁의 원래 이름은 덕수궁이 아니라 경운궁慶運宮이었다. 1611년 광해군이 창덕궁으로 거처를 옮기면서 그가 머물던 정릉동 행궁을 '경운궁'이라 부르게 됐다. 그리고 1907년 고종이 일제의 강압으로 퇴위한 뒤, 고종의 호인 덕수德壽를 따서 덕수궁이라 부르기 시작했다. 생각해 보면 덕수궁이라는 이름은 궁궐 자체의 이름이 아닌 고종에게 붙여진 이름이고 일본의 압력에 의해 불리게 된 이름이다. 우리의 아름다운 궁궐 '덕수궁'이라는 이름에도 일제 탄압의 아픔이 묻어있는 것이다.

　덕수궁은 황제가 공식적인 업무를 보았던 외전과 일상적인 생활을 했던 내전 영역으로 나뉜다. 내전 영역에 있는 함녕전은 고종의 편전

대한제국의 대표적 서양식 건물, 석조전

이자 침전으로 고종이 승하한 곳이다. 덕수궁을 구경하다 보면 서양
식 건축 양식들이 자주 눈에 띈다. 고종이 근대개혁을 추진하면서 서
양식 건물이 여럿 들어섰다고 한다. 현재까지 남아 있는 서양식 건물
에는 석조전, 중명전, 정관헌이 있고, 조선 목조 건물 속에서 화려하고
이색적인 분위기를 풍기는 건축물들을 볼 수 있다.

덕수궁

http://www.deoksugung.go.kr
주소: 서울특별시 중구 세종대로 99 덕수궁
전화번호: 02-771-9951
운영시간: 오전 9시~오후 9시 (입장은 오후 8시 마감)
휴무일: 매주 월요일
입장료: 어른 1,000원 / 만 24세 이하, 만 65세 이상 무료
대중교통: 지하철 1호선 시청역 2번출구 도보 80m
         2호선 시청역 12번출구 도보 100m

을사늑약 강제체결의 아픔이 남다 **덕수궁 중명전**

덕수궁에서 나와 표지판을 따라 걸어가면 덕수궁 중명전重明殿이 나온다. 중명전은 황실의 서적과 보물들을 보관할 황제의 서재로 지어진 곳이다. 1905년 11월, 이곳 중명전에서 고종의 승인도 없이 일본의 무력에 의해 강제로 을사늑약이 체결된다. 고종은 을사늑약이 무효임을 선언했지만 일본은 1907년 고종을 강제 퇴위시키고 대한제국의 주권을 박탈하는 여러 조항을 체결한다.

중명전 1층 제2전시관에는 을사늑약의 현장을 재현해 놓았다. 이토 히로부미를 중심으로 통감관저 터 거꾸로 세운 동상에 적혀있던 하야시 곤스케, 이완용 등 당시 을사늑약 현장에 있었던 이들까지 모두 재연해 놓았다. 전시관에 들어가면 을사늑약 체결 당시 현장에 와있는 듯한 느낌을 받을 수 있다.

제4전시관에서는 대한제국의 특사에 관한 것들을 전시하고 있다. 대한제국 특사들의 활동을 찬찬히 살펴보면 애절하다는 느낌이 들 정도이다. 특사들은 을사늑약이 국제법상 무효라는 점과 그 부당함을

을사늑약 체결 재현 현장

세계에 알리기 위해 수없이 외치고 호소했다. 하지만 그 외침은 외면당했고 그들은 감옥에 끌려가거나 사형에 처해지는 등 가슴 아픈 희생을 당했다.

중명전

http://www.deoksugung.go.kr
주소: 서울특별시 중구 정동길 41-11
전화번호: 02-771-9951
운영시간: (연중) 오전 9시30분~오후 5시30분
휴무일: 매주 월요일
입장료: 무료
대중교통: 지하철 1호선 시청역 2번출구 도보 568m
2호선 시청역 12번출구 도보 503m

대한제국의 역사를 뒤흔든 덕수궁 중명전이다.

명성황후의 마지막을 함께하다 경복궁 건청궁

경복궁은 조선의 으뜸 궁궐이라 불리는 궁답게 한복을 입고 궁 앞에서 사진을 찍는 학생과 외국인들을 자주 볼 수 있다. 내부에는 대표적인 건물로 왕의 위엄이 드러나는 근정전, 연못과 어우러져 아름다운 외관을 뽐내는 경회루 등 깊은 역사와 함께 아름다운 궐들이 많이 있다.

하지만 경복궁은 일제강점기 때 일본에 의해 의도적으로 훼손된 궁이기도 하다. 또한 가장 안쪽에 있는 건청궁은 명성황후가 시해된 비극의 장소이다. 1895년, 거처였던 건청군 곤녕합에서 일본인 자객에 의해 명성황후가 시해되었다. 경복궁 가장 안쪽에 있어 모르고 지나칠 수 있는 공간이지만, 비극적 역사가 일어난 현장이니 한 번쯤 꼭 가보기를 추천한다.

명성황후 생의 마지막 공간인 건청궁이다.

경복궁 건청궁

http://www.royalpalace.go.kr

주소: 서울특별시 종로구 사직로 161 경복궁

전화번호: 02-3700-3900~1

운영시간: (3월~5월), (9월~10월) 오전9시~오후6시

(6월~8월) 오전9시~오후6시30분

(11월~2월) 오전9시~오후5시

휴무일: 매주 화요일

입장료: 어른 3,000원 (만 24세 이하, 만 65세 이상 무료)

대중교통: 지하철 3호선 경복궁역 4번출구 도보 223m

5호선 광화문역 2번출구 도보 443m

일제강점기 고통의 한이 서리다 **서대문형무소역사관**

서대문형무소에 들어설 때면 언제나 마음이 무겁다. 어느 곳이던 그렇지만 특히 이곳은 역사적 배경을 공부하고 방문하면 그 의미와 고통의 깊이를 더욱 느낄 수 있다. 일제는 1908년 식민지 근대 감옥인

4,800여 장의 수형기록카드를 전시한 민족저항실2

경성감옥을 개소하고 1945년 해방이 될 때까지 항일 독립 운동가들을 이곳에 가두었다. 감옥에 갇힌 독립 운동가들의 고통과 아픔을 보고 듣고 느낄 수 있는 곳이다.

매표소를 지나면 제일 먼저 전시관을 구경할 수 있다. 서대문형무소의 역사와 민주화운동, 독립운동, 의열투쟁 등 목숨 바쳐 저항하고 독립을 위해 싸웠던 독립 운동가들의 이야기가 전시되어 있다. 전시 공간을 천천히 돌며 설명을 읽다 보면 눈에 띄는 문장 하나가 있다. "3.1독립만세운동이 전국적으로 일어나면서 서대문형무소의 수감 인원이 3천여 명에 육박해 서대문형무소의 옥사를 대대적으로 넓혀나갔다." 바로 이 문장이다. 일제에 저항하고 싸웠던 독립 운동가들을 다 집어넣기 위해 혈안이 된 모습들이 머릿속에 그려졌다.

서대문형무소에서 목숨의 무게는 종잇장보다 가벼웠을지도 모른다. 전시관 지하로 내려가면 수감자들을 취조하고 고문했던 공간을 볼 수 있다. 이 공간은 잔인함과 끔찍함 그 자체다. 어떻게 하면 인간이 최대한의 고통을 느낄 수 있을지 시험하는 장소 같았다. 물고문, 인두 고문, 주리 틀기 고문, 상자 고문, 벽관 고문 등 고문의 종류가 셀 수 없을 정도로 많았다. 이렇게 잔인한 고문을 받으며 고통스러움에 몸부림쳤을 독립 운동가들의 모습이 떠올라 저절로 고개가 숙여졌다.

수감자들이 실제로 투옥되었던 옥사도 볼 수 있다. 딱 봐도 좁아보이는 감옥에 수많은 사람을 밀어 넣고 인간으로서 최소한의 인권도 존중해주지 않았다는 것이 가슴 아팠다. 마음 편히 먹지도, 자지도 못하는 환경 속에서 독립이라는 목표 하나로 하루하루 이겨냈을 그들이 대단하고 또 존경스러웠다. 감옥에 수감되었다고 해서 마냥 옥에만 있었던 것도 아니다. 보통 수감자들은 공작사에서 노역을 했다. 일한 양에 따라 밥의 양도 다르게 배정받고 시간을 절약하기 위해 밥도 공장 안에서 먹었다.

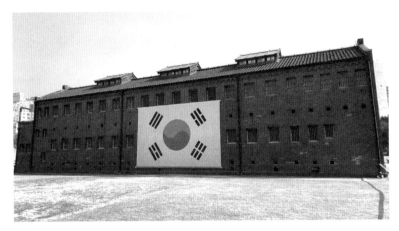
태극기가 걸린 서대문 형무소 건물

서대문형무소 안을 한 바퀴 쭉 둘러보면 일제강점기 당시 수감자들의 모습이 저절로 그려진다. 수감자 중 한센 병에 걸린 사람들을 격리하고 수감시키기 위한 한센 병사도 있다. 놀라운 것은 사형장도 따로 있었다는 사실이다. 사형 후 시신을 바깥 공동묘지로 이동하기 위해 외부와 연결해 놓은 비밀통로인 시구문도 있다. 서대문형무소에 수감된 가족이 돌아오지 않는다면, 감옥에서 함께 지내던 친구가 돌아오지 않는다면 얼마나 무섭고 두려웠을까.

대한민국에서 태어난 사람이라면 서대문형무소는 꼭 가보았으면 좋겠다. 독립을 위해 처절한 고통의 목소리를 냈던, 그 어떤 아픔도 이겨내며 목표를 위해 달려 나갔던 우리의 위대한 독립 운동가들을 절대로 잊어서는 안 된다.

서대문형무소역사관
https://sphh.sscmc.or.kr
주소: 서울특별시 서대문구 통일로 251
전화번호: 02-360-8590~1

운영시간: (3월~10월) 오전9시30분~오후6시 / (11월~2월) 오전9시30분~오후5시
휴무일: 매주 월요일, 1월1일. 설날. 추석날
입장료: 어른 3,000원 / 청소년 1,500원 / 어린이 1,000원
대중교통: 지하철 3호선 독립문역 5번출구 도보 317m

서대문형무소 맛집

영천시장- 도깨비손칼국수, 분식, 꽈배기
맹심 불고기- 옛날 불고기, 동태탕
편백집- 편백찜, 샤브샤브
대성집- 도가니탕, 도가니 수육
한옥집- 김치찜, 김치찌개

가슴 아픈 위안부 이야기 **전쟁과여성인권박물관**

우리나라가 일제강점기를 겪으며 받은 또 하나의 상처는 바로 위안부 문제이다. 전쟁과여성인권박물관은 일본군 '위안부' 생존자들이 겪었던 역사를 기억하고 문제를 해결하기 위한 공간이다. 티켓 뒷면을 보면 위안부 할머니의 사진과 이야기가 적혀있는데 사진을 가만히

세월의 무게가 담긴 위안부 할머님들의 조각상

바라보니 할머니와 특별한 인연이 생기는 듯한 느낌을 받았다. 전쟁
과여성인권박물관은 오디오 가이드를 제공한다. 귀에 이어폰을 꽂고
번호가 적혀있는 곳 앞에 서서 해당 번호를 입력하면 그곳에 맞는
설명이 나온다.

관람의 첫 공간은 지하 전시관이다. 전시관에 들어서면 티켓에 실
려있던 할머니를 영상으로 만날 수 있다. 할머니의 말 한 마디 한 마
디에서 고통스러웠던 삶의 무게와 공포가 느껴진다. 전쟁에서 일본군
의 놀잇거리가 되고 살기 위해 도망쳐야 했던 피해자들의 절규 섞인
목소리도 함께 들려온다. 전시관을 관람하다 문득 위안부 할머니들이
이 세상에 존재하지 않는 날이 온다면 일본이 어떤 태도로 우리를
마주할지 걱정이 들기도 했다.

2층으로 올라가면 위안부의 역사와 발자취들을 볼 수 있다. 일본과
의 끝없는 법정투쟁, 수요시위 현장 등 위안부와 관련된 전시와 문제
해결을 위한 노력들을 전시하고 있다. 위안부 문제에 사람들이 관심
을 갖게 된 건 생각보다 얼마 되지 않았다. 안타깝게도 많은 위안부
할머니들이 세상을 떠나가고 있다. 이제는 우리도 함께 힘을 써야 할

호소의 벽(왼)과 김복동, 길원옥 할머님 동상(오)

때이다. 일본의 진심 어린 사과를 받는 그 날까지 아픔을 기억하고
소리쳐야 한다.

TIP 한국군에 의한 베트남 전쟁 민간인 학살·성폭력

1964년 미국이 베트남 전쟁에 개입하면서 미국의 요청에 따라 한국군이
베트남전쟁에 참전하게 된다. 베트남 전쟁에 참전한 한국군은 무려 32만
명이 넘는다. 베트남 전쟁에 참전한 한국군들은 베트남 민간인들은 무자
비하게 학살했다. 전쟁에 참전하지 않은 민간인들은 대체 무슨 죄가 있단
말인가. 전쟁에 참전한 한국군의 희생만이 사람들에게 살 알려져 있다.
그뿐만이 아니다. 한국군은 베트남 여성들에게 성폭력을 행했다. 우리나
라 위안부 할머니들이 겪었던 아픔을 그대로 주었다. 참으로 부끄러운 일
이다. 우리나라도 진실을 마주하고 베트남 피해자들에게 사과하고 용서를
구해야 한다. 어떤 나라든 아픔의 크기와 상처는 다 똑같다. 상처가 완전
히 아물 수는 없겠지만 덧나지 않도록 진심 어린 사과를 건네야 한다.

전쟁과 여성인권 박물관

www.womenandwarmuseum.net
주소: 서울특별시 마포구 월드컵북로 11길 20
전화번호: 02-392-5252
운영시간: (연중) 오전 11시~오후 6시
휴무일: 매주 일요일, 월요일
입장료: 어른 3,000원, 청소년 2,000원, 어린이 1,000원
대중교통: 지하철 2호선 홍대입구역 1번출구 1.1km

또 다른 서울 여행_추가 탐방지 **돈의문박물관마을**

　돈의문박물관마을은 서대문형무소역사관 근처에 있는 곳으로 가
볍게 방문하기 좋다. 서대문이라는 이름으로 더 익숙한 돈의문은
1915년 철거되었다. 그 뒤 새문안 동네로 불리는 돈의문 안쪽 동네를

박물관마을로 개조하여 시민들에게 새문안 동네의 역사와 아날로그 세대의 전시관, 체험교육관 등을 보여주고 있다.

'근현대 100년, 기억의 보관소'라는 타이틀답게 아날로그 세대의 감성을 느낄 수 있는 마을 전시관들이 눈에 띈다. 그중 가장 재밌는 공간은 새문안극장이다. 건물 외관부터 실내까지 그때 그 시절 감성을 잘 살려 놓아 구경하는 재미가 있다. 1층에는 매표소가 있고 2층으로 올라가면 매점과 옛날 영화를 틀어놓은 상영관이 있다. 어른들에게는 추억의 공간, 아이들에게는 색다른 구경거리가 될 만한 공간이다.

한옥에서 근현대 문화예술 배우기 체험도 할 수 있다. 국악체험, 한지공예, 마음명상, 규방공예, 도예공방 등 다양한 체험을 해볼 수 있는 공간도 마련되어 있다. 새록새록 추억이 떠오르게 하는 아기자기한 신문, 광고, 소품들이 골목 사이사이를 꾸미고 있어 사진 찍기에도 좋다. 아이가 있는 가족, 연인, 친구 가릴 것 없이 재밌게 구경하고 즐기기 좋은 공간이다.

1960~80년대 추억의 새문안극장

돈의문박물관마을

http://dmvillage.info

주소: 서울특별시 종로구 송월길 14-3

전화번호: 02-739-6994~5

운영시간: (3월~10월) 오전 9시 30분~오후 6시

(11월~2월) 오전 9시 30분~오후 5시

휴무일: 매주 월요일, 1월1일

입장료: 무료

대중교통: 지하철 5호선 서대문역 4번출구 도보 388m

5호선 광화문역 7번출구 도보 852m

장혜민_한중문화콘텐츠학과

블로그에 내 이야기 적는 것을 좋아한다. 여태껏 적은 이야기 중 이 책에 실린 글이 가장 특별하고 소중한 글이 될 것 같다.

진정한 민주주의의 시작, 4.19혁명

4.19혁명하면 떠오르는 단어는 무엇일까? 민주주의, 혁명, 시위 등 여러 가지가 있을 것이다. 나는 독재와 희생이 떠오른다. 4.19혁명은 중학교 때 처음 알게 되었는데, 당시 교과서에 한 쪽 분량으로 실려 있었다. 시간이 많이 지난 뒤 근현대사가 재조명되어 4.19혁명에 대해 자세히 알게 되었다. 4.19혁명은 한 쪽 분량의 역사가 아닌 수십에서 수백 명 이상의 피로 이루어진 혁명이라는 것을 말이다.

이승만 독재정권의 시작

4.19혁명을 이해하기 위해서는 이승만 대통령이 독재를 하게 된 배경과 과정을 알아야 한다. 이승만은 1948년 8월 15일 대한민국 초대 대통령에 취임한다. 해방 직후 이승만은 국내외 가릴 것 없이 평이 좋은 정치적 명망가 중 한 명이었다. 제1대 대통령 선거에서도 196명 중 180명의 표를 얻을 정도로 막강했다. 이승만 정부의 첫 내각에는 친일파도 없었고 자기 당 출신도 두 명뿐이었다. 그러나 위기에 본성이 드러난다고 하지 않는가. 1950년 제2대 국회의원 선거에서 이승만의 지지 세력이 대거 탈락한다. 엎친 데 덮친 격으로 한국전쟁이 일어났다. 이로 인해 민심이 흉흉해지고, 1951년 거창 양민 학살사건과 국민방위군 사건 등이 추가로 발생하면서, 국민과 국회의원들은 이승만 정부를 믿지 않게 되었다.

TIP **거창양민학살사건**

6.25전쟁 당시 1951년 2월, 한국군 11사단이 거창군 신원면 일대의 국민을 무차별 학살한 사건이다. 이 사건은 군이 국민을 혐의만으로 죽인 끔찍한 사건으로 지금까지 알려진 학살 피해자는 모두 719명이다. 그중 14세 이하 피해자가 359명이나 된다는 점이 특히 더 비인간적인 행위임을 보여준다.

6.25전쟁 1.4 후퇴 시기, 대한민국 제1공화국 정부가 군인이 부족하다는 이유로 국민 수만 명을 강제 징집하여 국민방위군으로 만들었다. 국민방위군은 싸우기 위해 보급을 받아야 했다. 하지만 국회와 정부, 군 고위층이 예산을 횡령했고, 수만 명의 국민방위군은 보급을 받지 못하고 죽었다. 이 사건은 방산 비리 사건이자 국가가 국민을 버린 사건이다.

이승만은 자유당을 창당하고, 대통령 직선제를 향한 헌법 개정 운동을 벌이지만 압도적인 차이로 부결되었다. 이때 지지 세력의 미약함을 깨달은 이승만은 정치깡패를 동원하고, 국회의원들을 공산당과 관련이 있다며 구속하기도 했다. 그리고 국회의원들이 구속된 사이 발췌 개헌안을 통과시켰다. 이 개헌안은 위헌의 성격을 지녔고 이승만 독재정권의 시작을 알리는 법이었다.

대통령 직선제와 상·하 양원제를 골자로 하는 정부 측 안과 내각책임제와 국회 단원제를 골자로 하는 국회 안을 절충했다고 하여 발췌 개헌이라 이름 붙였다. 목적은 이승만 대통령의 재선을 위해서였다. 발췌 개헌은 토론의 자유가 보장되지 않았고, 의결이 강제되었다는 점에서 위헌의 성격을 가졌다.

이승만 집권 당시 대한민국 헌법 98조에는 "헌법 개정의 의결은 양원에서 각각 그 재적의원 2/3 이상의 찬성으로서 한다"라는 법이 있었다. 개헌이 통과되려면 재적의원 203명의 2/3 이상인 135.333명의 찬성이 있어야 하는데, 135표가 나오는 바람에 부결되었다. 그러나 다음 날인 11월 28일, 자유당은 수학의 사사오입 원칙을 내세웠다. '사사오입에 따르면 0.333을 버릴 수 있다'라는 결론을 내린 것이다. 그렇게 자유당은 135.333명이 아닌 135명의 찬성이 맞다고 하며 법을 강제로 통과시켰다.

발췌 개헌을 통해 이승만은 1952년 8월 15일 제2대 대통령이 된다. 그러나 대한민국 헌법상 대통령의 임기는 4년으로, 2회까지 가능한 연임 제한이 존재했다. 이승만은 이미 헌법을 바꾼 적이 있기에 이러한 연임 제한을 초대 대통령에게만 적용되지 않게 고치려고 했다. 그 것이 1954년 11월 27일에 강제로 통과시킨 사사오입 개헌이다.

이 법들에 힘입어 이승만은 제3대 대통령에 취임한다. 그러나 계속된 독재와 강압으로 국민의 신뢰를 잃었고, 미국의 무상 원조마저 줄어들어 자유당의 지지율은 하락했다. 이러한 상황에서 이승만은 부통령이 자유당에서 나오길 원했다. 결국 이승만은 부정선거와 개표 조작을 감행했다. 심지어 야당의 선거를 방해하고, 주민들에게 자유당을 지지하도록 압박했다. 이를 위해 자유당은 경찰과 공무원뿐 아니라 정치깡패까지 동원했다.

대통령 선거 날인 3월 15일 대놓고 선거 조작이 이루어졌고, 전국에서 부정선거를 규탄하는 시위가 일어났다. 특히 선거 당일 마산에서 대규모 시위가 일어났는데, 바로 3.15 의거이다. 경찰은 최루탄과 총기로 시위를 진압하려 했고 수십 명의 사상자가 발생했다. 정부는 공산당이 배후에서 조종한 좌익 폭동이라고 발표하여 마산 시민들의 반발이 고조됐다. 고조된 감정은 한 달이 지난 4월 11일에 터졌다. 3월 15일에 시위를 하다 사라진 김주열 학생이 마산 앞바다에 시체가 되어 나타난 것이다. 심지어 그의 눈에는 최루탄이 박혀 있었다.

학생마저 무자비하게 죽인 무력 진압에 마산 시민들은 분노가 폭발했다. 시민들은 거리에 나와 시위를 했고 정부의 무력 진압이 만천하에 드러난다. 시위는 전국으로 확산되어 4월 19일 대규모의 시위가 일어났다. '피의 화요일'이라 불리는 이 혁명 동안 100여 명이 넘는 사망자가 발생했다. 대규모 시위를 막고자 발동된 계엄령으로 시위가 주춤 하는 추세였으나, 4월 25일 서울대학교 교수단의 시위로 다시 불붙어 시위 군중이 늘어나기 시작했다. 이때 258명에 이르는 교수가 모였는데 이들은 시국 선언문을 작성하고 전원 서명했다.

4월 26일 이승만은 시민들의 요구에 굴복해 사임했다. 국민은 이승만 정권을 쓰러트렸다. 민주주의의 승리인 것이다. 우리는 이런 민주주의의 뿌리를 알고자 여행을 하는 것이고, 그 속에 수많은 민중들의 희생을 기억하고 또 기억해야 할 것이다.

부정선거에 맞선 영웅들 **마산 국립3.15민주묘지**

우선 4.19혁명의 직접적 원인이 된 3.15 의거의 현장으로 가보자. 마산에 있는 국립3.15민주묘지에 도착하면 가장 먼저 3.15기념관이 눈에 들어온다. 기념관 내부에는 당시 투표 현장과 부정선거 모습을 재현한 모형이 전시되어 있다. 헤드셋이 설치된 화면으로 참고 영상을 볼 수 있는 공간도 있어서 당시 상황에 대해 더 자세히 이해할

3.15 부정선거가 어떤 배경 아래서 어떻게 치러졌는지 잘 알 수 있는 마산 3.15기념관 내부

마산 3.15민주묘지에는 당시 희생된 젊은 영령들이 잠들어 있다.

수 있다. 자료 중에는 김주열의 얼굴에 박힌 최루탄의 실제 크기를 그려놓은 그림이 있는데 인간이 얼마나 잔혹해질 수 있는지 보여주는 장면이라 생각한다.

기념관을 나오면 3.15국립묘지의 입구에 민주의 문이 보인다. 두 개의 문이 열린 형태의 구조물인데 부정선거에 저항하여 이 땅에 정의를 세우고 민주주의를 실행하고자 했던 그 날의 정의와 민주를 나타낸다. 문 뒷면은 반짝거리는 스테인리스 금속으로 되어 있다. 3.15 의거 정신의 후광을 받아 발전하는 민족의 밝은 미래를 상징한다고 한다. 근처에는 3인의 인물이 어깨동무하고 나아가는 모습이 새겨진 정의의 상이 있다. 이들은 자유와 평화를 기리는 애국, 애족, 호국 의지를 나타내고 있다. 또한 기념 시비라는 특이한 조형물도 있는데, 책 여섯 권을 세워서 펼쳐놓은 모양으로 된 비이다. 현재 시 10편이 수록되어 있으며, 앞으로 2편을 추가 선정해서 수록할 예정이다.

기념 시비를 지나 깊숙이 들어가면 참배단이 나온다. 참배단을 둘러싸고 있는 양쪽 벽에는 정의의 벽과 민주의 횃불이라는 작품이 새겨져 있는데 불의에 항거하는 모습이라고 한다. 참배단을 지나면 수많은 계단이 기다리고 있다. 계단 양쪽에는 엄청난 수의 묘지가 자리하고 있다. 바로 3.15 의거로 희생된 분들의 묘이다. 총 80기를 안장할 수 있도록 조성되어 있으며, 최루탄에 희생된 김주열의 묘도 이곳에 안장되어 있다. 묘지의 정상에는 유영봉안소가 위치한다. 3.15 희생자의 영정과 위패를 봉안하는 곳이다. 이곳에서는 매년 명절과 3월 14일에 추모제를 올린다고 한다.

김주열이 시위로 죽을 때 나이는 고작 17세였다. 꽃다운 나이에 민주주의를 외치다가 죽어간 그를 기억하자. 그리고 한국 민주주의에는 수많은 국민의 희생과 피가 함께했다는 사실을 잊지 말자.

국립3.15민주묘지
http://315.mpva.go.kr
주소: 경남 창원시 마산회원구 구암동 541
전화번호: 055-253-9315
운영시간: 오전 8시~오후 6시 / 기념관: 오전 9시~오후 6시
휴무일: 월요일
입장료: 무료

이승만의 업적만이 기록된 곳 **이화장**

대통령이 되기 전, 이승만은 미국에서 활동하던 독립운동가였다. 해방이 되자 이승만은 망명지인 미국에서 귀국한다. 한국 귀국 당시 지낼 집조차 없었지만, 정치적 명망가라는 평가 덕에 도움을 받아 1947년 11월부터 이화장에서 살게 되었다.

이승만은 이화장에서 살면서 정부 수립 운동을 전개했다. 1948년 7월 초대 대통령에 당선되면서 이화장을 떠나 경무대로 이사했다. 그

뒤로도 이승만은 가끔 이화장을 방문하여 정원과 뒷산을 산책했다고 한다. 그만큼 이화장은 이승만에게 특별한 집이었다. 독재 체제를 유지하던 이승만은 4.19혁명으로 대통령 자리에서 물러난 뒤 다음 해에 하와이로 망명했다. 그는 죽은 뒤에야 고국으로 돌아왔고 이화장에 안치되었다가 현재는 국립묘지에 안장되어 있다. 이화장은 1988년 '대한민국 건국 대통령 우남 이승만 박사 기념관'으로 개관했다. 기념관에는 역사자료 및 유품 등과 함께 독립운동가로서 그의 업적도 전시되어 있다.

이승만의 업적은 분명히 존재한다. 하지만 그가 독재자였고, 독재 체제를 유지하는 과정에서 수많은 국민을 죽인 사실은 변하지 않는다. 민주주의 국가에서 주권은 국민에게 있고 국가는 국민을 위하는 정치를 행해야 한다. 이승만 정부가 행한 독재와 폭력, 그로 인해 죽어간 수많은 학생과 국민을 잊지 말아야 할 것이다.

이화장 입구. 멀리서나마 이승만 동상을 볼 수 있다.

서울 도서관 전경. 오래되어 보이는 외관이지만 내부는 깔끔하다.

이화장

http://www.syngmanrhee.or.kr
주소: 서울 종로구 이화장1길 32
전화번호: 02-762-3171
운영시간: 오전 9시 30분~오후 5시
휴무일: 없음
입장료: 무료 / 전화로 3일 전 예약 필수
대중교통: 서울 지하철 4호선 혜화역 2번 출구 도보 748m
　　　　　(2022년까지 보수공사로 일반인 입장 불가)

학생들의 평화 시위, 독재세력의 무력 진압 **서울시의회**

현재 서울시의회 건물은 1935년 일제강점기 시절 경성부 부민관으로 건립되었다. 8.15 광복 후에는 국회의사당으로 사용되었다가 1991년부터 서울시의회 건물로 사용하고 있다. 이곳은 1960년 4월 18일 3,000여 명의 고려대 학생들이 평화 시위를 한 곳이기도 하다. 4.18 의거라 불리는 고려대 학생들의 시위는 4.19혁명이 일어나는 데 직접적인 원인이 되었다.

1960년 4월 16일, 이날은 고려대학교의 신입생 환영회가 예정된 날이었다. 제2차 마산시위(경찰의 무력 진압으로 1960년 4월 11일에 일어난 2차 시위)에 고무된 고대학생들은 이날 시위를 준비했다. 형사들이 학교로 들이닥치는 바람에 모든 일정이 무기한 연기되었지만, 학생들은

4.19 관련 사진. 혁명 당시 시청 모습을 잘 보여준다.

시위 계획을 강행했다. 18일 아침, 학생들은 학교 안으로 숨어 들어갔고, 점심시간 사이렌이 울리면 인촌 동상 앞에서 모이기로 했다. 학교 측은 계획을 눈치 챘고, 사이렌을 울리지 못 하게 막았다. 그러자 학생들은 "인촌 동상 앞으로"라고 외치고 진격했다. 순식간에 3,000여 명이 교정에 모였다. 오후 1시 20분, 고대생들은 선언문을 낭독하고, "자유 정의 진리"라는 플래카드를 들고 교문을 나왔다. 그리고 국회의사당을 향해 달렸다.

> "대학은 반항과 자유의 표상이나 이제 질식할 듯한 기성 독재의 최종적 발악은 바야흐로 전체 국민의 생명과 자유를 위협하고 있다. 그러기에 역사의 생생한 발언자 적 사명을 띤 우리 청년학도는 이상 역류하는 피의 분노를 억제할 수 없다. 만약 이와 같은 극단의 악덕과 패륜을 포용하고 있는 이 탁류의 역사를 정화하지 못한다면 우리는 후세의 영원한 저주를 면치 못하리라." ─고려대학생 4. 18 선언문 중에서

시위는 평화적으로 이루어졌다. 그러나 오후 7시 20분경 100여 명의 괴한이 튀어나와 시위 행렬을 습격했다. 괴한들은 당시 정부에 고용된 조직폭력배들로 쇠망치, 몽둥이, 벽돌 등의 흉기로 학생들을 때

렸고, 중상자가 20여 명이 넘었다. 시위대는 결국 8시 40분경 해산했다. 다음날 조간신문에 학생들이 깡패에게 구타당하여 길바닥에 나뒹굴고 있는 사진이 크게 실렸고, 이를 본 전국의 학생과 시민들이 평화시위를 무력으로 진압하는 것에 크게 분노했다. 결국 4월 19일 전국에서 민주주의를 지키기 위한 혁명이 일어났다. 3.15의거, 4.18의거, 4.19 혁명 모두 학생들의 주도로 시작되었다. 아직 어린 나이임에도 불구하고, 독재를 몰아내고 민주주의를 되찾는다는 마음 하나로 목숨을 바치면서 투쟁했던 것이다.

고려대 학생들의 시위 장소였던 서울시의회 맞은편에는 서울시청과 서울도서관이 자리하고 있다. 서울도서관은 옛 서울특별시청 건물을 개조해서 도서관으로 재활용한 것이다. 과거 시청에서 있었던 여러 사건의 사진들을 액자에 담아 전시한다. 계단을 통해 올라갈 때마다 사진들이 눈에 들어온다.

또한 서울 70년의 역사를 설명해주는 서울광장 전시관과 4.16 세월호참사에 대한 기억 공간 같은 볼거리가 많이 존재한다. 옛 서울 풍경과 지금의 서울 풍경을 비교한 작품 같은 볼거리가 많으므로 꼭 한번 들러보기를 추천한다.

서울시의회
https://www.smc.seoul.kr
주소: 서울 중구 세종대로 125
전화번호: 02-2180-8000~5
운영시간: 오전 8시~오후 6시
휴무일: 토요일, 일요일, 공휴일
입장료: 무료
대중교통: 서울 지하철 1, 2호선 시청역 11번 출구 도보 300m
주의 사항: 일반 방청의 경우, 방청권교부처에서 당일 방청권을 받아 입장이 가능하다. 하지만 시설물의 경우 의회의원 및 5급 이상 공무원 소개, 공공기관이나 참관인 소속기관과 단체의 신청이 아니면 참관할 수 없다.

국민이 주인이 되는 나라 **국립4.19민주묘지**

4.19혁명은 불의의 독재 권력에 항거한, 진정한 민주주의의 시작을 알린 혁명이다. "피의 화요일"이라 불리는 1960년 4월 19일 수많은 학생이 애국가를 부르며 앞으로 달려 나갔다. 그러나 경무대로 향하는 학생들을 저지하려는 경찰 또한 많았고 이들의 공방은 치열했다. 결국 서울 전역에서 경찰의 무차별 사격이 펼쳐졌다. 이로 인해 젊은 학생과 시민이 희생되었다. 이들을 기리기 위해 만든 곳이 국립4.19민주 묘지로, 1963년 9월 20일에 건립되었다.

묘지에 들어가기 전 민주의 뿌리라고 불리는 일곱 개의 조각상이 방문객을 반긴다. 조각상을 지나 정문으로 들어가면 광장이 보이고, 아름다운 연못도 눈에 들어온다. 광장을 둘러보면 연못뿐만 아니라, 4.19혁명을 상징하는 여러 조각상이 설치되어 있다. 기념관도 눈에 띄는데 이곳은 4.19혁명의 배경과 내용 및 역사적 의의를 올바르게 계승하기 위해 지어졌다. 기념관을 나와 연못 사이를 가로질러 상징 문을 통과하면, 참배로라 불리는 긴 길이 보인다. 그 끝에는 거대한 탑이 존재한다.

기념탑이 서 있는 곳은 분향소로 사용되고 있는데 탑 가운데에는

민주묘지 연못. 앉을 수 있는 곳이 많아서 대부분 이 근처에서 쉬어간다.

사월학생혁명기념탑이라는 비석과 설명이 적혀 있다. 그 앞에는 혁명 당시 학생들의 모습을 본 딴 조각상이 있다. 양옆에 여러 조각상이 있고, 3.15민주묘지처럼 시가 쓰인 비석이 존재한다.

> 어느 날 밤 내 깊은 잠의 한 가운데에 뛰어들어,
> 아직도 깨끗한 손길로 나를 흔드는 손님이 있었다.
> 아직도 얼굴이 하얀, 불타는 눈의
> 청년이 거기 있었다.
> 눈 비비며 내 그를 보았으나
> 눈부셔 눈을 감았다.
> 우리들의 땅을 우리들의 피로 적셨을 때,
> 우리들의 죽음이 죽음으로
> 다시 태어났을 때, 사랑을 찾았을 때
> 검정 작업복을 입었던 내 친구
> 밤 깊도록 머리 맞대었던 내 친구
> 아직도 작업복을 입고 한 손에 책을 들고,
> 말없이 내 어깨 위에 손을 얹었다.
> 아아 부끄러운 내 어깨 위에

더러운 내 세월의 어깨 위에
그 깨끗한 손길로 손을 얹었다……

— 이성부, 손님

시를 쓴 이성부 시인의 감정이 그대로 느껴진다. 이성부 시인은
당시 같은 길을 택하지 못한 것에 부끄러움을 느꼈지만, 나는 4.19혁
명에 대해 제대로 알지도 못했다는 사실에 부끄러움을 느꼈다. 시는
모두 12개가 쓰여 있다. 시를 보고 난 뒤 기념탑을 넘어가면 수많은
묘지와 태극기가 보인다. 무력 진압으로 안타깝게 목숨을 잃은 이들
이다.

민주주의란 국민이 주인이 되는 것을 의미한다. 그러나 한국은 제1
대 대통령이 위헌으로 헌법을 두 번이나 고쳐 세 번까지 연임했다.
그 과정에서 무력으로 국민을 진압했고 수많은 사람이 희생됐다. 나는
그동안 목숨을 아끼지 않고 민주주의를 지킨 수많은 사람을 책으로만

4.19민주묘지 중앙에 있는 기념탑의 모습

접하고 이해했다. 하지만 이곳을 방문해서 직접 보고 나니 이들이 지키고자 한 민주주의가 무엇인지에 대해 다시 생각하게 되었다. 그리고 그 비극을 되풀이하지 말아야 하겠다는 생각이 많이 들었다. 그러기 위해서 우리는 기억해야 할 것이다. 수많은 피로 지켜진 민주주의를.

국립4.19민주묘지
http://419.mpva.go.kr
주소: 서울 강북구 수유동 580-1
전화번호: 02-996-0419
운영시간: (3월~10월) 오전 6시~오후 6시 / (11월~2월) 오전 7시~오후 6시 / 기념관 및
유영봉안소: (3월~10월) 오전 9시30분~오후 5시30문 / (11월~2월) 오전 9시30분 ~ 오
후 4시30분
휴무일: 묘지는 연중무휴,
       기념관은 월요일과 공휴일 휴무(월요일 공휴일이면 다음날도 휴무)
입장료: 무료
대중교통: 수유역에서 내린 뒤 1126번, 강북01번 버스를 이용.

또 다른 종로구 여행_추가 탐방지 **이화벽화마을**

이화장 근처에는 마을 곳곳에 벽화가 그려진 신비로운 마을이 존재한다. 이화동 벽화마을은 2006년 도시예술 캠페인이 진행되면서 탄생했다. 대학생과 자원봉사자가 참여했고, 각종 TV 프로그램과 각종 드라마의 촬영지로 소개되면서 명소가 되었다. 하지만 2020년에 방문했을 때는 거리가 텅 빈 상태였다. 이화 벽화마을은 해외 관광객들이 방문하는 명소로 자리 잡았으며 특히 중국인들이 많이 방문했다. 코로나로 인해 해외 관광객이 올 수 없게 되어서 거리가 텅 비게 된 것이다.

현재는 과거보다 벽화의 수가 조금 줄었다고 한다. 관광객이 많아지니 소음과 쓰레기 무단투기 등의 문제가 발생했고, 불편한 주민들이 생긴 것이다. 결국 이곳에 사는 몇몇 사람들은 벽화를 지웠다고

이화벽화 마을. 벽화와 옛 서울 풍경이 어우러져 특별한 멋을 볼 수 있다.

한다. 지워진 벽화는 소수이기에 아직 아름다운 벽화의 모습을 많이 볼 수 있다. 그러나 이곳을 방문할 때는 주민들이 살고 있다는 점을 잊지 말고 주의하는 것이 중요하다. 마을에는 옛 건물이 남아있고, 동네 구멍가게가 아직 운영되고 있어 20년~30년 전 시절로 돌아간 느낌이 들게 한다.

벽화마을을 둘러보면서 아쉬웠던 점은 벽화 관리가 부족한 것과 관광객을 통제하지 못한 것이었다. 주민들과 합의를 하고 정부에서 관리를 잘 했다면 아름다운 벽화가 더 많이 남았을 것이다. 오래된 마을을 살리자는 취지는 좋지만, 그로 인해 일어날 수 있는 문제도 함께 생각했으면 한다.

이선우_중국어문화학부
인천 토박이이며, 이제 대학을 졸업하는 학생이다. 책 집필을 통해 글 작성에 재미를 느껴서 요즘은 독서와 글쓰기를 취미로 하고 있다.

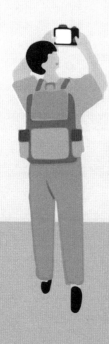

제2부

전라도

일제강점기 군산의 다른
이름은 수탈이었다

군산은 낙후된 시설과 낮은 건물이 가득한 곳이다. 그 사이에서 오직 관광 관련 건물만이 위용을 자랑한다. 삶을 위한 지역이 아닌, 관광을 위한 지역처럼 보인다. 하지만 군산에 관한 판단을 여기서 끝내는 건 매우 어리석은 짓이다. 우리는 더 깊은 부분을 들추어봐야 한다. 주변을 둘러보면, 특이한 생김새의 건물들이 눈에 들어올 것이다. 낮은 높이, 목조 장식, 八자 모양 지붕의 낯익은 건축 양식을 지닌 건물들. 오래 생각할 필요 없다. TV나 교과서에서 흔히 봐왔던, 바로 그 일본식 건물이다. 일제강점기 당시, 일본인들이 군산 내항 근처(영화동, 신흥동 등)에서 모여 살며 형성한 일본식 가옥 거리의 일부이다.

그렇기에 이 낮은 건물들은 낙후되었다는 말로 끝낼 수 없다. 일제의 건축 방식을 그대로 보존하고 있는 아픈 건물이다. 생각이 여기까지 이른다면, 군산이 아까와 다르게 보이기 시작할 것이다. 낙후된 지역이 아닌 일제의 자취가 즐비해 있는 지역으로.

군산에 남은 일제 자취를 따라가다 **군산근대역사박물관**

군산근대역사박물관은 3층으로 구성된 거대한 지역박물관이다. 근대문화 및 해양문화를 주제로 한 특화박물관이기도 하다. 이 박물관은 규모도 남다르고 외관도 특이해서, 군산 내항 근처에 도착하면 가장 먼저 보인다. 박물관 외관은 색부터 형태까지 평범한 게 없다. 가로로 긴 선명한 옥색 건물 끝에 갈색 테두리의 직사각 건물이 이어져 있는데, 두 건물 다 지붕이 없다. 그래서인지 멀리서 보면 외관 형태가 배와 비슷하다. 박물관 내부에 들어서면, "역사를 잊은 민족에게 미래는 없다"라는 문구가 보인다. 군산이 품고 있는 모든 역사를 마주할 준비가 되었는지, 묻는 것 같았다.

상아색과 청록색이 산뜻한 조화를 이룬 (구)일본 제18은행 군산지점

박물관 1층 로비에는 군산의 역사를 한눈에 볼 수 있는 영상이 상영되고 있고, 오래된 군산의 대형 사진이 걸려 있다. 로비 왼편에 있는 해양물류박물관에는 국제 무역항이었던 군산의 역사가 전시되어 있다. 여러 가지 배 모형과 영상 전시를 통해 군산의 바다와 문화를 보여준다.

계단을 올라 2층으로 가면, 군산의 독립운동가를 만날 수 있는 독립 영웅관이 있다. 일제강점기 당시, 군산은 호남 최초로 3월 만세 운동을 외친 민족 저항의 지역이었다. 그만큼 군산에는 상당수의 독립 운동가들이 있었는데, 이 전시관에서 그들의 위대한 행적을 확인할 수 있다.

마지막, 3층에는 일제의 수탈과 군산시민들의 저항이 전시된 근대생활관이 있다. 이 전시관은 앞선 전시관과 전시 방식이 달랐다. 영화 세트장처럼 내부 전체를 일제강점기 군산의 모습으로 꾸며 놓았기 때문이다. 마치 당시 군산으로 시간여행을 떠나는 것 같았다. 군산의 중요 역사를 모두 담고 있는 군산근대역사박물관은 단연 군산 여행의 시작점이 아닐까?

군산근대역사박물관에서는 두 종류의 통합권을 판매한다. 하나는 박물관 통합권이다. 박물관을 비롯한 인근 전시장(군산근대미술관, 군산근대건축관, 위봉함)을 관람할 수 있다. 다른 하나는 금강 통합권이다. 박물관을 비롯한 인근 전시장과 함께 금강권 코스(3.1운동 100주년 기념관, 채만식 문학관, 철새조망대)를 관람할 수 있다. 통합권이 있으면, 전시장 입장 시 관람료를 내야 하는 번거로움을 덜 수 있다. 고속도로 하이패스와 비슷하다.

군산근대역사박물관

http://museum.gunsan.go.kr
주소: 전라북도 군산시 해망로 240
전화번호: 063-454-7870
운영시간: (3월~10월) 오전 9시~오후 6시 / (11월~2월) 오전 9시~오후 5시
휴무일: 매주 월요일, 매년 1월 1일, 시장이 휴관일로 정한 날
입장료: 어른 2,000원 / 청소년·군인 1,000원 / 어린이 500원 (군산·서천 거주민: 성인
       1,000원 / 청소년·군인 500원 / 어린이 300원)

군산 수탈의 서막을 열다 **군산근대미술관**

군산의 일제강점기를 이해하려면 조선의 지배권을 두고 일어난 청일전쟁(1894~95) 당시로 거슬러 올라가야 한다. 1894년 조선에서 발생한 동학농민운동과 갑오개혁으로 청일 간의 갈등이 고조되기 시작했다. 그리고 1894년 7월 일본의 기습(아산전투)으로 청일전쟁이 발발하게 되었다. 전쟁이 시작되고, 청은 아산전투를 비롯한 모든 전투에서 일본에 패배했다. 장기간 전쟁 준비를 해왔던 일본과 달리, 청은 아무런 준비도 못했기 때문이다. 그러던 중 이듬해 2월, 미국의 중재로 양국은 휴전과 동시에 강화 협상을 진행하기 시작했다. 그 결과, 승전국 일본은 청과 시모노세키 조약을 체결하면서 조선의 지배권을

쥐게 되었다. 이후 1899년 일본은 군산의 곡물을 자국으로 유출하기 위해 군산을 개항했다. 이로 인해, 조선 상공인들이 몰락하게 된 군산은 일본 상공인들의 경제적 중심지가 되었다.

1904년 일본은 러시아와 한반도와 대만의 주도권을 두고 러일전쟁을 개시했다. 이듬해, 전쟁에서 승리한 일본은 러시아와 포츠머스 조약을 체결하여, 한반도의 독점적 지배권을 인정받았다. 1905년에는 을사늑약을 발표하면서 조선의 외교권을 박탈했다. 그리고 1907년 일본은 군산의 최초 금융기관으로 일본 제18은행 군산지점을 건립했다. 일본으로 쌀을 보내고, 토지를 강매하기 위함이었다.

조선인들의 피땀과 바꾼 수많은 금괴를 보관했던 금고

일본에 본사를 둔 제18은행은 인천을 시작으로 조선 전국에 세워졌다. 군산지점은 조선에서 일곱 번째로 건립된 지점이었다. 이 은행은 쌀 수탈 업무도 맡았지만, 주 업무는 고리대금업이었다. 땅을 담보로 빌린 돈을 갚지 못하면 그 땅을 빼앗았다. 또한 이자를 내려는 사람들이 찾아오면 자리를 피한 뒤에 이자를 갚지 않았다는 이유로 땅을 빼앗았다. 이러한 토지 수탈로 은행의 금고는 배불리 채워졌지만, 조선인들은 굶주림에 허덕이게 되었다.

색색의 포스트잇이 붙어있는 여순감옥 전시관 2층 벽면

옛 일본 제18은행 군산지점은 단층의 본관과 2층 부속 건물인 금고동으로 구성되어 있다. 현재 본관은 군산근대미술관으로, 금고동은 안중근 의사 여순감옥전시관으로 이용되고 있다. 제18은행 군산지점 건물은 멀리서 봐도 눈에 띄는 외관을 지녔다. 상아색 벽면과 청록색 지붕, 직사각과 반원이 합쳐진 창문의 조화는 깔끔하면서 우아하다. 내부로 들어서면, 작지만 확 트인 미술관이 펼쳐진다. 작품 수도 적고 동선도 간단한 동네 미술관이다. 작품 전시 공간 옆에는 두 개의 작은 전시관이 있다. 하나는 제18은행 건물역사 전시관이고, 다른 하나는 보수과정 전시관이다. 두 개의 전시관에서

화려한 서양식 외관을 뽐내고 있는 옛 군산세관 본관의 정문

선명한 색감 뒤에 어딘가 쓸쓸함이 묻어나는 옛 군산세관 본관 후문

일본이 저지른 만행과 이곳의 보수과정을 간단하게 살펴볼 수 있다.

관람을 마치고 출구로 나오면, 바로 맞은편에 금고동이 보인다. 외부에는 일본 금고가, 내부에는 안중근 의사 여순감옥 전시관이 있다. 일본 금고는 특이하게도 문이 두 개이다. 안쪽의 철장 문은 자물쇠로 잠겨있고, 바깥쪽의 양개兩開 철문은 활짝 열려 있다. 열린 두 짝의 문에는 각각 일제의 의병학살과 쌀 수탈을 보여주는 사진 조각들이 붙어있다.

철장 사이로 보이는 금고 내부에는 모형 금괴와 낡은 돈궤가 있는데, 그 위에 이런 말이 적혀 있다. "이 금고가 채워지기까지 우리 민족은 헐벗고 굶주려야만 했다." 이 짧은 문장은 일제강점기 당시, 일본의 수탈로 군산이 얼마나 고통 받았는지를 분명하게 보여준다.

안중근 의사 여순감옥 전시관은 총 2층으로 이루어져 있다. 1층에는 안중근 의사와 관련된 사진들이, 2층에는 안중근 의사의 생애와 활동이 전시되어 있다. 이 전시관은 2층이 매우 특이하다. 관람객들이 간단한 후기를 적을 수 있도록, 한쪽 구석에 포스트잇과 볼펜이 마련

돼 있기 때문이다. 그래서인지 그쪽 벽면에는 색색의 포스트잇이 가
득 붙어있다. 쓰여있는 내용은 개인적인 것부터 일제에 관련된 것까
지 다양하다. 마치 이 전시관을 통해 관람객들끼리 작게나마 소통하
는 것처럼 보였다.

군산근대미술관 (일본 제18은행 군산지점)
주소: 전라북도 군산시 해망로 230
전화번호: 063-446-9812
운영시간: (연중) 오전 9시 30분~오후 9시
휴무일: 매년 1월 1일
입장료: 어른 500원 / 청소년·군인 300원 / 어린이 200원 / 군산·서천 거주민 300원

　1907년 무렵 전국적으로 국채보상운동이 일어났다. 국가의 빚을 갚
고 국권을 회복하기 위해서 민중들은 적극적으로 모금 활동을 벌였
다. 그러나 일본은 대한제국 금고에 모인 민중들의 86,000원을 빼내
군산세관의 건축경비로 사용했다. 그리고 이듬해 6월, 군산 쌀 수탈의
중심이 될 군산세관을 준공했다. 일본은 이곳에서 목표치를 맞출 때
까지 강제로 쌀을 거두고, 자국으로 보내는 업무를 처리했다. 또한
군산세관에서 수탈한 쌀을 조선의 쌀 거래소인 미두장에 팔기도 했
다. 이때 조선에 거주하는 일본인에게는 헐
값에, 조선인에게는 매우 비싸게 팔았다.
일본인에게만 이득이 되는 쌀 거래를 한
것이다. 이처럼 일본은 군산세관을 통해 군
산 쌀 수탈을 본격화했다.

　군산세관 본관은 현재 호남관세박물관
으로 이용되고 있다. 도로가 안쪽에 있는
군산세관 본관은 외관이 독특하다. 붉은 벽
돌을 쌓아 올린 외벽과 푸른 대문, 세 개의

옛 군산세관 본관 뒤편 기억의 숲에 있는
쌀 수탈 사진

첨탑과 아치형 창문까지. 선명한 색과 고풍스러운 건축 양식이 조화를 이룬 서양식 단층 건물이다.

군산세관 본관 후문 근처에는 기억의 숲이 있다. 걸어서 1분이 채 걸리지 않는 매우 짧은 오솔길이다. 기억의 숲에 들어서면, 일제강점기부터 현재까지 옛 군산세관 사진들이 길가에 전시된 걸 볼 수 있다. 그중 〈일제시대 내항의 쌀가마〉라는 이름의 흑백사진이 눈에 띄었다. 묵직해 보이는 수많은 쌀가마를 군산 내항을 통해 일본으로 보내는 모습을 찍은 것이다. 언젠가 역사 교과서에서 봤을 법한 사진이었다. 하지만 수탈이 행해졌던 장소에서 보니 감회가 남달랐다. 어렴풋하기만 했던 일본의 군산 수탈이 명료해지는 순간이었다.

호남관세박물관 (군산세관 본관)

주소: 전라북도 군산시 해망로 244-7
전화번호: 063-730-8715
운영시간: (연중) 오전 10시~오후 5시
휴무일: 매주 월요일 / 매년 1월 1일
입장료: 무료

조선과 일본의 동화를 꾀하다 동국사(옛 금강사)

1905년 을사늑약을 시작으로 일본은 조선의 권한을 하나둘 빼앗았다. 그리고 마침내 1910년 8월 조선의 국권을 피탈했다. 앞으로 35년간 이어질 일제강점기가 시작된 것이다. 이후 일본은 조선 총독부를 건립하여, 1914년에 조선의 지방 제도를 개편했다. 군산 거류 일본인에게 자치권을 부여하고, 조선 지방 사회를 총독부 지배하에 두기 위해서였다. 이에 따라 일본은 군산에 행정구역인 부府를 설치했고, 군산 통치를 위해 1906년에 설립한 군산 이사청을 군산부로 변경했다.

전형적인 일본식 사찰 모습을 확인할 수 있는 동국사 대웅전

한편, 당시 일본은 자신들의 생활 편리를 위해, 군산을 비롯한 조선 전국에 다양한 사회 시설을 세우기 시작했다. 1912년에는 옛 군산역과 익산역을 잇는 군산선을 개설했으며, 식수 공급을 위해 군산 월명 공원에 수원지를 설치했다. 이러한 사회 시설 건립은 조선의 생활뿐 아니라 문화에도 영향을 주었다. 1911년 조선 총독부는 일본 불교를 포교하기 위해 사찰령을 발령했다. 이를 계기로 일본 불교는 조선 전국에 출장소, 포교소 등을 건립했다. 일본인 승려 우치다(內田佛觀)도 이에 발맞추어 1913년 군산에 일본식 사찰인 금강사를 창건했다.

금강사는 1909년 승려 우치다가 일본 불교를 포교하기 위해 군산에 세운 포교소였다. 이를 일본인 신도들의 시주를 받아 금강사라는 조동종 사찰로 신축한 것이다. 결국 순수한 목적의 포교가 아니었던 셈이다. 일본은 자신들의 불교를 포교하면서 조선과 일본을 동화하려 했다. 이후 조선에 이루어질 일본의 통치 형태가 엿보이는 움직임이었다.

금강사는 현재 동국사라는 이름의 조계종 사찰로 이용되고 있다. 광복 이후 금광사를 인수한 한국인이 이제부터 '우리나라 절이다'라는 의미로 붙인 이름이다. 동국사에 들어가면 가장 먼저 대웅전이 보

일본에 굴하지 않겠다는 듯 당당히 서 있는
평화의 소녀상

인다. 흰색 외벽에 검은색 목조 장식, 급경사를 이루는 기와지붕을 지닌 단정한 외관은 전형적인 일본의 건축 양식이다. 또한 동국사는 승려들의 거처가 대웅전과 복도로 연결되어 있는데, 이는 일본 사찰의 특징 중 하나이다. 이처럼 동국사 대웅전에는 당시 일본이 꾀했던 동화의 자취가 묻어 있다.

동국사 대웅전 왼편에는 참사문비와 군산 평화의 소녀상이 있다. 참사문비는 대리석 위에 검은 비석 두 개가 나란히 서 있는 형태이다. 검은 비석에는 일본 조동종 승려들이 제국주의 첨병 역할을 참회하고 용서를 구하는 내용이 한글과 일본어로 새겨져 있다. 그 앞에는 군산 평화의 소녀상이 있는데 자세가 조금 특이하다. 보통 소녀상은 의자에 앉아있는 자세가 대부분인데, 이 소녀상은 아니다. 왼손에 태극기를 쥐고 맨발로 당당하게 서 있다. 일본으로부터 위안부 문제를 사과받고 명예를 회복하겠다는 의지가 느껴졌다. 수많은 수탈 관광지 사이에서 만난 이 소녀상은 잊고 있었던 일본군 위안부 문제를 되새기게 했다.

TIP 동국사

http://www.dongguksa.or.kr
주소: 전라북도 군산시 동국사길 16
전화번호: 063-462-5366
운영시간: (연중) 오전 9시~오후 5시
휴무일: 매주 월요일
입장료: 무료

일본 제과 문화가 스며들다 이성당(옛 이즈모야 제과점)

1919년 3월 1일에 일어난 만세 운동을 계기로 일본은 조선 통치체제를 무단통치에서 문화통치로 변경했다. 이는 조선 민중의 분열과 함께 조선과 일본의 동화를 꾀하고자 한 지배정책이었다. 이로 인해, 조선에는 더 많은 사회 시설이 세워졌고 일본인 거주자도 증가했다. 특히 군산은 내항 일대에 일본식 가옥 거리가 형성될 정도로 꽤 많은 일본인이 들어왔다. 그와 함께 군산에는 일본의 또 다른 문화가 번지기 시작했다. 바로 제과 문화였다. 군산 내에 일본인이 증가하면서 그들의 삶과 밀접했던 제과 문화가 자연스럽게 스며든 것이다. 이 흐름에 따라 히로세 야스타로(廣瀬安太郎)는 1910년대쯤 군산에 이즈모야(出雲屋) 제과점을 열었다. 그는 그곳에서 일본식 전통 과자인 모찌와 화과자 등을 판매했다.

이후 1920년 무렵에 야스타로는 이즈모야를 군산 번화가로 확장 이전하여, 두 아들과 함께 운영하기 시작했다. 그는 일본식 전통 과자를 판매했던 전과 달리 단팥빵, 크림빵, 케이크 같은 양과자를 선보였다. 이처럼 다양한 모양과 종류의 양과자는 조선인들의 호기심을 자극하기에 충분했다. 그러나 당시 양과자는 고급 음식이었기에 생활이 윤택한 사람들만이 사 먹을 수 있었다. 상당수의 조선인은 양과자를 먹어보지 못했고, 주변의 이야기나 상상을 통해 간접적으로 그 맛을 경험할 수밖에 없었다. 그리하여 조선인들은 양과자를 선망의 대상으로 여기게 되었다. 이로 인해, 제과 문화는 광복 이후에도 군산에 남게 되었으며, 이즈모야는 한국인에게 인수되어 이성당이란 빵집으로 설립되었다.

이성당은 본관과 신관으로 나누어져 운영되고 있다. 본관과 신관은 서로 붙어있는데, 여기서 예스러운 간판을 단 빨간 지붕의 낡은

이성당 신관 2층 카페에서 판매하는 모닝 세트

건물이 바로 본관이다. 구체적인 표식이 없어도, 외관만으로 이 건물이 본관이란 게 여실히 드러난다. 본관 내부에 들어서면 외관과 달리 매우 깔끔하고 넓은 공간이 펼쳐진다. 전체적인 구조나 분위기는 현대적이기보다는 고풍스럽다. 중심부에는 각종 빵이 놓여있는 진열대가 있고, 안쪽에는 카페가 있다. 주위를 둘러보니 이성당에서 유명한 단팥빵을 쟁반에 가득 담아 가는 사람들이 꽤 많이 보였다. 그들을 따라 단팥빵을 하나 집어 계산한 뒤에 먹어봤다. 맛은 기대 이상이었다. 빵 피가 얇은데도 빵의 고소함이 그대로 느껴졌고, 통단팥이 가득 들었는데도 많이 달지 않았다. 명성에 걸맞은 맛있는 단팥빵이었다.

> **TIP 이성당 신관에는 단팥빵과 야채빵이 없다?**
>
> 이성당 신관은 신제품을 판매하는 곳이라, 단팥빵과 야채빵을 비롯한 옛날빵은 판매하지 않는다. 옛날빵은 오로지 본관에서만 판매한다. 따라서 이성당의 명물인 단팥빵과 야채빵을 구매하려면, 신관이 아닌 본관으로 가야 한다.

이성당 신관은 본관보다 훨씬 깔끔한 외관을 갖고 있다. 흰색과 남색으로 칠해진 외벽과 안이 훤히 보이는 커다란 창문은 외관의 깔끔함을 돋보이게 한다. 내부는 외관과 분위기가 약간 다르다. 흰 벽에 어두운 목조와 녹색으로 꾸며져 있어서 전체적으로 따뜻하고 모던한 느낌이다. 신관은 총 2층으로 이루어져 있는데 1층은 빵과 제과를 판매하는 공간으로, 2층은 카페로 운영되고 있다.

계단을 올라 2층 카페로 들어서면, 1층과 다른 분위기의 공간과 만날 수 있다. 깔끔하고 밝은 느낌의 2층은 딱 요즘 카페의 모습을 하고 있다. 카운터 옆에 있는 케이크 쇼케이스는 카페의 정체성을 더해준다. 햇빛이 잘 드는 자리를 잡고, 아침으로 먹을 이성당 모닝 세트를 주문했다. 받아든 모닝 세트는 소문대로 구성이 알찼다. 토스트와 계란후라이, 잼과 버터, 토마토 수프와 양배추 샐러드, 따뜻한 커피와 흰 우유까지. 한 가지 아쉬운 점은 따뜻한 커피를 차가운 커피로 변경할 수 없다는 것이다. 하지만 가격 대비 양도 많고 맛도 있어서 상당히 만족스러웠다.

이성당
http://leesungdang1945.com
주소: 전라북도 군산시 중앙로 177
전화번호: 063-445-2772
운영시간: (월~목, 일) 오전 8시~오후 9시 / (금~토) 오전 8시~오후 10시
휴무일: 매월 1~2회 비정기적 휴무(인스타그램에서 확인 가능)
가격: 단팥빵 1,500원 / 야채빵 1,800원 / 모닝 세트 6,000원(오전 8시~오후 10시, 본관과 신관에서 판매)

수탈의 구렁텅이로 빠지다 **부잔교, 해망굴**

한편, 1920년에 들어선 일본은 쌀값의 폭등을 겪게 되었다. 제1차 세계대전 이후 도시 인구가 늘어나면서 쌀 수요가 증가했기 때문이다. 이를 안정시키기 위해, 일본은 조선을 자국의 식량 공급지로 만드는

산미 증식 계획을 시행했다. 대대적인 일본의 수탈이 시작된 것이다. 이에 쌀 수탈의 중심지였던 군산은 대표적인 쌀 수탈항으로 전락했다. 1926년, 일본은 군산 내항에 부잔교(뜬 다리 부두)를 설치했다. 수탈한 쌀을 바다 수위水位에 상관없이 일본으로 보내기 위해서였다. 그리하여 1933년, 3,000톤의 배 세 척을 동시에 접안接岸할 수 있는 3기의 부잔교를 준공했다. 부잔교로 더 원활한 쌀 수탈이 가능해진 일본은 3년 뒤 3기의 부잔교를 추가로 설치했다(1938년 준공). 그렇게 설치된 총 6기의 부잔교는 군산 쌀 수탈의 중추 역할을 하게 되었다.

군산 내항에는 현재 총 3기의 부잔교가 남아 있는데, 모두 붙어있어서 짧은 시간에 3호까지 둘러볼 수 있다. 부잔교는 항구 다리에 어울리는 외관을 지녔다. 흰색과 하늘색이 어우러진 입구에 짙은 목조로 만든 다리까지. 바다처럼 시원해 보이는 외관이다. 그러나 시간은 속일 수 없었다. 철재 접합부는 군데군데 녹이 슬었고, 입구는 얼룩덜룩하다. 부잔교가 설치된 후로 얼마나 오랜 시간이 흘렀는지를 그대로 보여주고 있다. 이는 부잔교가 오랫동안 이용되었음을 의미하기도 한다. 가만히 서서 부잔교를 바라보고 있으니, 문득 이러한 생각이 들었

곳곳에 세월의 흔적이 보이는 부잔교

다. 일제강점기 당시, 부잔교를 통해 대체 몇 개의 쌀가마가 몇 번이나 일본에 보내졌을까? 가늠조차 되지 않았다. 그저 수많은 쌀가마가 셀 수 없이 부잔교를 지났다는 것만 알 수 있었다.

부잔교(뜬 다리 부두)
주소: 전라북도 군산시 내항2길 32
운영시간: 없음
입장료: 무료

1920년대 일본의 군산 쌀 수탈 과정은 복잡했다. 호남에서 생산된 쌀을 군산으로 모은 뒤 항구로 보내야 했기 때문이다. 일본은 이 과정을 단순화하기 위해, 1926년 부잔교 설치가 시작된 때에 해망굴을 건립했다. 군산 내항과 시내를 연결하는 터널인 해망굴을 통해 일본은 더 쉽고 빠르게 쌀을 수탈할 수 있었다. 이후 해망굴은 부잔교와 함께 군산 쌀 수탈의 중추 역할을 하게 되었다. 하지만 이러한 구조물들이 세워진 뒤로 군산 농민들의 삶은 점점 힘들어졌다. 당시 농업은 산미 증식 계획으로 일본에 지배당하고 있었다. 그런데 그 상태에서 쌀 수탈이 더욱 활발해지니 농민들이 배를 곯는 건 당연했다.

월명산 아래의 해망굴은 회색 벽돌을 쌓아 만든 반원형 터널이다. 입구 앞에는 사람과 자전거만 지나다닐 수 있도록 세 개의 기둥이 세워져 있다. 해망굴 외벽은 월명산에서 내려온 듯한 푸른 넝쿨에 둘러싸여 있다. 넝쿨 사이로 보이는 외벽은 만들어진 지 오래된 터널이란 생각이 들지 않을 정도로 상태가 좋았다. 밝은색 콘크리트로 채워진 해망굴 내부로 들어서면 외관과 달리 이곳저곳 노후화된 부분이 보인다. 몇몇 조명은 고장이 나 있고, 내벽의 페인트칠은 조금 벗겨져 있다. 해망굴 내부와 입구에는 사람들이 앉아서 쉴 수 있는 분홍색 벤치가 놓여있다. 해망굴 끝까지 걸어보니, 과거 차가 지나다녔던 터널치고는

월명산 쪽에서 바라본 넝쿨에 휩싸인 해망굴

길이가 짧다고 느껴졌다. 하지만 이 짧은 터널에서 활발한 수탈이 이루어졌다는 걸 생각하니 그저 가볍게 바라볼 수만은 없었다.

해망굴
주소: 전라북도 군산시 해망동 1000-21
운영시간: 없음
입장료: 무료

연이은 수탈로 희생을 낳다 **군산근대건축관**

한편, 일본은 1922년 군산출장소(1909)를 조선은행 군산지점으로 신축했다.(군산출장소 연도 확인할 것, 틀린 듯) 이와 함께 관련된 사택도 건립했는데, 그 과정에서 안타까운 사건 하나가 일어났다. 사택

공사 중에 조선인 인부 네 명이 참사를 당한 사건이었다. 이는 〈동아일보〉 1920년 8월 19일 3면에 실렸을 정도로 꽤 큰 사건이었다. 기사에 따르면 다음과 같다.

"조선은행 군산지점 사택의 터파기 공사 중 1920년 8월 16일 오전 9시에 조선인 4명이 끔찍하게 죽는 사고가 발생하였다. …(중략)… 이때에 일하는 일꾼 60여 명은 공사를 감시하던 사무소로 몰려가 일본인 감독관을 잡아내어 구타하려 하였는데, 경관들의 출동으로 인부 40여 명을 체포 구속하였다."

조선인들의 희생과 함께 준공된 조선은행 군산지점은 엄청난 위세를 자랑했다. 다른 지방은행들보다 규모가 컸으며, 건립 당시 군산에서 가장 높은 건물 중 하나로 꼽혔다. 조선은행 군산지점은 돈을 발행하는 발권은행이었다. 하지만 순수하게 돈 발행만 하지 않았다. 찍어낸 돈을 일본인 지주들에게 빌려주면서, 그들이 군산 토지를 쉽게 사들일 수 있도록 도왔다. 이처럼 조선은행 군산지점은 평범한 발권은행이 아닌, 일본인에게 특혜를 주면서 조선 경제를 수탈하는 은행이었다.

현관의 양 모서리가 돌출된 옛 조선은행 군산지점의 정문

(구)조선은행 군산지점은 현재 2층짜리 군산 근대건축관으로 이용되고 있다. (구)조선은행 군산지점은 위압감이 느껴지는 건물이다. 외벽은 적갈색 벽돌로 이루어져 있으며, 현관 좌우 가장자리에는 석조가 돌출되어 있다. 정면 중앙에는 좁은 폭의 기다란 창이 1, 2층에 각각 설치되어 있다. 1층과 2층 창 사이는 창틀과 같은 색으로 칠해서 마치 하나의 창문처럼 보인다. 건축관 내

부는 이전의 미술관과는 비교도 안 되게 넓다. 또한 외관과 달리 내부
는 흰색 바탕에 연갈색 목조로 꾸며져 있어서 밝은 분위기를 풍긴다.
건축관은 1, 2층을 모두 전시관으로 사용하고 있어 일제강점기 군산
과 관련된 자료와 유물들이 알차게 전시되어 있다.

　1층 로비에는 군산 근대건축물 미니어처가 전시되어 있고, 바닥 스
크린 대형영상이 상영되고 있다. 바닥 스크린 대형영상은 그래픽으로
구현되어 있는데 근대건축물 그림 위에 서면 해당 건축물 관련 설명
이 나온다. 1층은 금고와 지점장실, 응접실로 나누어져 있다. 먼저,
금고는 조선은행의 역할을 보여주는 공간이다. 한쪽에는 과거 그대로
보존된 조선은행의 벽체와 기둥 그리고 천장이, 다른 한쪽에는 조선
은행에서 발권된 화폐들이 전시되어 있다. 다음, 지점장실은 경술국
치 추념 전시관이다. 당시의 폭력과 저항에 관련된 자료와 유물이 전
시되어 있다. 마지막 응접실은 근대 군산의 모습을 보여주는 공간이
다. 벽면에 조선은행과 군산의 역사가 담긴 흑백사진들이 가득하다.

　건축관 2층에서는 조선은행의 군산 수탈을 자세하게 확인할 수 있
다. 2층은 영상, 미니어처 등 다양한 전시물이 있던 1층과 달리, 기록
전시물이 주를 이룬다. 그렇기에 1층만큼 흥미롭진 않을 수 있다. 그
러나 조선은행의 더 깊은 역사를 알고 싶다면 이보다 더 좋은 공간은
없을 것이다. 이처럼 (구)조선은행 군산지점에는 군산의 경제 수탈
역사가 온전히 담겨있다.

군산 근대건축관 (조선은행 군산지점)
주소: 전라북도 군산시 해망로 214
전화번호: 063-446-9811
운영시간: (3월~11월) 오전 9시~오후 6시, (12월~2월) 오전 9시~오후 5시
입장료: 어른 500원 / 청소년·군인 300원 / 어린이 200원

군산은 수탈의 역사를 기억하고 있다

일제강점기 당시, 군산은 수탈의 역사 그 자체였다. 쌀로 시작한 일본의 군산 수탈은 경제를 거쳐 인력까지 이어졌다. 군산은 끊임없는 수탈의 굴레를 벗어나지 못했다. 그래서인지 군산에는 현재까지도 일제 수탈의 흔적이 남아 있다. 유명한 근대건축물부터 길가에 늘어선 이름 모를 건물까지. 참혹한 일제의 수탈을 군산은 고스란히 기억하고 있다.

지금의 군산은 '기억'이다. 좋지 못한 기억임에도 군산은 잊지 않았다. 지워버리지 않았다. 마치 누군가에게 일제 수탈의 진실을 보여주고 싶은 것처럼, 계속해서 기억하고 있다. 우리도 군산과 함께 일제의 수탈을 기억해야 한다. 일본이 왜곡하고 있는 일제강점기의 진실을 잊지 말아야 한다. 우리의 기억들이 모이고 모인다면, 역사의 왜곡을 흔적도 없이 덮어버릴 강력한 진실이 만들어질 것이다. 기억하자. 이것이 우리가 할 수 있는 진실을 위한 작은 움직임이다.

양은미_문예창작학과

추리 소설과 방구석 여행을 좋아하는 문예창작학과 학생이다. 생각지도 못했던 것에 대한 집착은 그 어떤 집착보다 강하고 무섭다는 걸 최근에서야 깨달았다. 이 책이 바로 그 산물이다.

오월의 광주를 되새기며

살아가다 보면 유독 선명하게 기억에 남는 순간들이 있다. 구태여 기억하려 하지 않았음에도, 마치 그때로 돌아간 듯 선명히 떠오르는 기억들 말이다. 이러한 기억들은 간직하고픈 추억일 수도 있으나, 때론 가슴 아픈 기억일 수도 있다. 아마도 누군가에겐 오월의 광주가 그러할 것이다. 광주의 오월, 그날의 무엇이 사람들을 이리도 힘겹게 했을까?

박정희 독재정권부터 민주정부 수립까지

박정희 체제의 오랜 독재에 마침표를 찍은 10.26사건 이후 전국에는 비상계엄령이 선포됐다. 국무총리였던 최규하는 대통령 권한 대행을 부여받으며 사실상 임시 대통령이 되었다. 군 내부에서는 전두환을 필두로 한 하나회가 정권을 잡기 위해 호시탐탐 기회를 노렸다. 이렇듯 격변하는 상황 속에서 사건의 전말을 수사하기 위해 합동수사본부가 설치됐다. 본래라면 중앙정보부가 수사를 맡아야 했으나, 수장이었던 김재규가 박정희를 살해한 터라 당시 보안사령관이었던 전두환이 조사를 맡았다. 이것이 비극의 시작이었다.

전두환은 육군참모총장이자 계엄사령관인 정승화에게 대통령의 암살에 관여했다는 누명을 씌우려고 했다. 유신체제를 계속 이어가려는 전두환과 달리, 정승화는 변화할 필요가 있다는 의견이었기 때문이다. 그렇기에 전두환을 비롯한 하나회는 군부 내 주요 인력들을 가짜 연회에 초대하여 발을 묶고, 그 틈에 정승화를 강제 연행했다. 이는 모두 당시 대통령 대행이던 최규하의 허가 없이 이루어진 일이었다. 일이 다 벌어진 후에야 최규하에게 사후 승인을 받아냈고, 이것이 바로 12.12쿠데타이다. 쿠데타 이후 군 내부는 사실상 전두환이 장악했고, 최규하는 그저 힘없는 꼭두각시에 불과했다. 신군부의 탄생이었다.

한편 신군부에 대한 국민의 의심은 나날이 커졌다. 특히 윤보선, 김대중을 필두로 한 민주세력은 새로운 민주대표 대통령을 선출하자고 목소리를 높였고, 전국 곳곳에서 신군부의 행태에 의구심을 갖는 학생들이 신군부 퇴진과 민주화를 요구하는 시위를 벌였다. 서울의 봄이 시작된 것이다.

TIP 서울의 봄

박정희 피살 이후 1980년 5.17 비상계엄령 전국 확대 이전까지 정치적 과도기를 뜻하는 용어이다. 민주화를 이루려는 시위가 많이 일어났다.

대학에서부터 동시다발적으로 일어난 시위는 원래 독재 정권을 향한 것은 아니었다. 대학 학생회의 부활을 목표로 시작된 시위였다. 그러나 학생회 복귀 이후, 운동은 점차 계엄해제와 유신잔당의 퇴진을 목표로 하는 시위로 거듭났다. 거세진 시위의 물결 속, 1980년 5월 14일 광화문과 종로 일대에서 학생들의 전면적인 가두시위가 일어난다. 15일에는 무려 10만 명이 넘는 학생들이 서울역에 모여 계엄령의 완전 철폐와 민주화를 요구하는 시위를 벌였다. 15일 시위에서 경찰 쪽 사상자가 한 명 나왔고, 이를 구실로 신군부는 시위를 무력 진압하려 했다. 이에 상황이 심상치 않음을 느낀 학생 대표들은 군대가 투입될 가능성이 있으니 시위를 잠시 중단하자며, 이른바 '서울역 회군'을 결의했다. 그러나 결의문을 작성하는 도중 경찰에 의해 18명이 연행되며 강제 해산됐다.

한편, 같은 시간대 광주에서도 전남대와 조선대를 중심으로 학생운동이 일어났다. 이 역시 처음에는 총학생회 구성을 위한 학내 민주화

운동이었지만, 전국 상황에 영향을 받아 점차 신군부 퇴진을 위한 정치적 투쟁으로 전환되었다. 시위에 대한 일반 시민들의 태도도 굉장히 우호적이었다. 이러한 분위기는 독재를 이어가려는 신군부에게 상당히 거슬리는 문제였다. 설상가상으로 광주는 김대중의 정치적 본거지였던 전남이었다. 이 때문에 전두환의 신군부세력은 광주에 대한 대대적인 탄압을 계획했다. 18일 새벽 전남대와 조선대에 부대를 파견하여 농성 중이거나 공부하던 학생들을 체포한 뒤, 광주 시내 예비군이 보유한 무기를 전부 회수했다. 또한, 공수부대를 투입하여 전남대를 철저히 봉쇄했다. 5.18민중항쟁의 시작이었다.

5.18민중항쟁은 전남대의 정문에서 시작되었다. 5월 18일 아침 공수부대와 전남대 학생들은 정문에서 격돌했다. 정문 앞에는 공부를 하려고 왔던 이들도 있었고, 휴교령이 내리면 정문에서 모이자는 약속을 기억한 이들도 있었다. 학생들은 200~300여 명으로 불어났다. 그러자 공수부대들은 진압봉을 휘두르기 시작했다. 무차별적으로 휘두르는 진압봉에 두 명의 학생이 머리에 피를 흘리며 쓰러졌다. 학생들은 지도부를 기다렸지만 이미 새벽에 체포된 지도부가 올 수 있을 리 만무했다. 그러자 학생들은 도청광장을 향해 달리며 일반 시민들에게 이 사실을 알렸다. 또한, "비상 계엄령을 해제하라", "김대중을 석방하라", "휴교령을 철폐하라"라고 외치며 금남로를 빠져나와 광주 시내까지 진출했고 그 사이 소수의 시민도 합세했다.

18일 오후 30분 광주 시내에 공수부대가 나타났다. 광주 시내는 시위하는 학생들과 진압 중인 경찰, 그리고 이 모든 상황을 지켜보는 시민들로 가득 차 있었다. 일촉즉발의 상황, 지켜보는 이들을 향해 공수부대는 "시민 여러분들은 집으로 빨리 돌아가십시오"라고 말했다. 그러나 말이 끝난 지 채 1분도 되지 않아 "거리에 있는 사람 전원을 체포"라는 명령이 떨어졌고, 그들은 진압봉을 휘두르며 일반 시민들을 무장 진압했다. 고요하던 광주 시내 여기저기에 피가 난무했고 비명이 울려 퍼졌다. 이는 시위에 가담하지 않은 일반 시민들을 향해 자행된 무차별적인 폭력행위이며 사살행위였다. 결혼식이 끝난 신혼부부들과 열심히 일하던 회사원들. 누가 봐도 시위에 가담하지 않았음이 분명했다. 그런데도 거행된 폭력은 공수부대의 행위가 시위의 진압 목적을 넘어서 광주에 대한 탄압이었음을 여실히 드러낸다.

그러는 와중에 첫 번째 사망자가 나타난다. 농아장애인이었던 김경철이 공수부대의 진압에 맞아 죽은 것이다. 변명조차 할 수 없었던 그는 왜 맞는지도 모르는 채 쏟아지는 폭력에 싸늘히 식어갔다. 이러한 참상을 두 눈으로 목격한 광주 시민들은 두려움에 떨 수밖에 없었다. 지옥 같던 18일 광주 사람들은 가족, 친지, 친구들의 안위를 걱정하며 밤잠을 이루지 못했다.

19일 아침, 대학을 제외한 초, 중, 고등학교는 정상 수업을 이어갔고, 관공서나 공장 등도 정상 운영을 했다. 고요한 듯 보였지만 상황은 달라지지 않았다. 공수부대는 행인들을 두들겨 팼으며, 서너 명이 한 조로 주택, 사무실 등에 들어가 닥치는 대로 폭행을 일삼고 트럭에 사람들을 실어갔다. 그러나 TV나 라디오 등 각종 언론은 고요하기만 했고, 어떠한 보도도 없었다. 사람들은 분노했다. 이제 더 이상 학생들만의 시위가 아니었다. 화가 난 민중들의 항쟁이었다.

20일 오전, 상황은 잠시 소강상태에 들어섰다. 공수부대는 잠잠했고, 사람들은 불안함 속에서 시위를 계속해나갔다. 그러나 21일 오후 금남로에 수만 명의 사람이 몰려들자, 또다시 상황은 이전과 같아졌다. 아니 오히려 더욱 악화됐다. 금남로 가톨릭센터 바로 앞에서 공수부대원들은 사람들에게 엎드려뻗쳐를 시키고, 제대로 하지 못하면 몽둥이와 회초리로 때리며 웃고 즐기고 있었다. 인권유린의 현장이 따로 없었다. 이 모든 모습을 광주 시민들은 고스란히 지켜보았고, 공수

5.18민중항쟁의 역사를 간직한 전남대 전경

부대를 향한 적의와 분노는 커져만 갔다. 결국 시민들은 택시기사들을 필두로 하여 도청을 중심지로 공수부대와 격돌했으며, 거짓을 보도하는 방송국들을 방화하는 등 거센 움직임을 보였다. 밤 11시경 광주역에서 시위대와 공수부대의 공방전이 격렬해졌다. 이윽고 총성이 울렸다. 광주역 앞에서 시위하던 시민 중 맨 앞의 시민들이 총에 맞아 쓰러졌다. 공수부대의 첫 발포였다.

21일은 상황이 더 안 좋게 흘러갔다. 금남로 한복판에서 태극기를 흔들며 시위하던 시민들을 공수부대가 저격한 것이다. 안전을 위한 우발적 발포가 아닌 말 그대로 저격이었다. 그리고 도청 스피커에서 흘러나오는 애국가 소리와 함께 무차별적 집단 발포가 이어졌다. 광주 시민들은 총을 든 공수부대에 대항하기 위해 도외로 무기를 찾으러 흩어졌다. 사람들은 화순경찰서, 나주경찰서, 금천지서, 영강동파출소 등으로 가 각종 무기를 확보해 돌아왔다. 격전 3일 차, 시민들은 무장 항쟁으로 공수부대에 맞섰다.

21일 오후 드디어 공수부대가 철수했고 광주 시민들이 도청을 차지

했다. 시위는 점차 광주를 넘어서 전남 지역으로 퍼졌다. 그러자 공수부대는 호남고속도로를 봉쇄했고, 광주 외곽지대에서 시내로 통하는 모든 루트를 막았다. 광주 시내는 철저히 고립되는 한편, 어떠한 공권력도 없는 해방 광주를 맞이했다. 22일부터 26일까지 광주는 시민군에 의해 굴러갔다. 사람들은 자발적으로 시민군에게 무기를 반납했고, 주먹밥을 만들고 물을 나누며 서로 합심하여 해방 광주 시기를 보냈다. 놀라운 것은 이 시기 동안 범죄율이 평상시보다 현저히 낮았다는 점이다. 도둑들조차 공수부대에 맞설 정도로 공수부대의 행태가 악했던 것이다.

한편, 광주 시내가 고립되면서 많은 시민이 계엄군의 눈을 피해 시내·외로 가려는 움직임을 보였다. 그중에 가족의 안위를 걱정한 사람들이 종종 광주 시내로 들어오고자 했는데, 이들에 대해 계엄군은 무차별적인 폭격을 서슴지 않았다. 계엄군들은 주남마을, 녹동마을 등에 주둔하며 지나가는 사람들을 학살했다, 주남마을 앞에서 화순으로 빠져나가던 버스도 예외는 아니었다. 버스에 타고 있던 열다섯 명이 그 자리에서 즉사했고, 나머지 세 명은 붙잡혔다. 이렇듯 계엄군은 시내와 시외의 이동을 철저히 봉쇄했다. 또한 차량 이동을 포함해 산을 넘는 등의 이동로도 철저히 감시했다.

26일 광주에서 철수했던 공수부대는 재진입할 것을 예고하며 시민들을 탱크로 위협했다. 이에 광주 시민들은 최후의 항쟁을 위한 논의를 했다. 여자와 아이 등 노약자들은 모두 집으로 돌아가기로 결정했고, 오직 157명만이 남아 도청을 지키기로 한 것이다. 사람들은 죽을 각오로 도청에 남아 광주의 저항 의지를 표명했다.

대망의 27일, 상무 충정 작전으로도 알려진 광주 재진입 작전 중 실제 투입된 계엄군은 총 6,168명이었다. 157명 남짓의 일반 시민들과 6,000명이 넘는 군인들. 결과는 불 보듯이 뻔했다. 곧 도청은 계엄군에 점령당했고, 시민들은 죽어나갔다. 10일간 이루어진 학살의 끝이었다. 10일 동안의 기억은 지독한 트라우마로 광주 사람들에게 남았다. 또한 광주의 치열했던 민중항쟁은 다른 지역 사람들에게 빨갱이들의 폭동으로 인식됐고, 정권이 바뀌고 진실이 규명되기 전까지 광주는 오명을 뒤집어쓴 채 살아가야 했다.

항쟁의 시작지 **전남대**

가을에 방문한 광주는 여기저기 가을의 정취가 물씬 느껴졌다. 특히 알록달록 멋들어지게 물든 전남대 캠퍼스는 어느새 다가온 가을을 알리고 있었다.

전남대 정문 앞 신호등 길에는 그때 당시의 대치상황이 전시되어 있다. 사진 속에는 정문 앞에 빽빽이 학생들이 모여 있었는데, 얼마나 많은 학생이 공수부대와 대치하고 있었는지 한눈에 들어온다.

5.18 당시 전남대 정문 앞에 빽빽이 들어찬 학생들의 모습

세월의 흔적이 느껴지는 예전 대학본부의 모습

전남대 정문을 지나 쭉 펼쳐진 메타세쿼이아 길을 따라 올라가면
예전 대학본부였던 건물이 보인다. 당시에는 학생들이 공부하던 곳
이자 학생 대표들이 시위를 논의하던 곳이었다. 오래된 건물 특유의
냄새와 함께 여기저기 세월의 흔적이 고스란히 남아있다.

대학본부 건물에서 오른쪽 길로 빠져서 쭉 올라가다 보면 제1학생
회관 방면에 박승희 정원이 있다. 그 길목에는 박승희 열사의 추모비
가 있는데, 박승희 열사가 노태우 정권 타도를 외치며 분신자살했던
자리이다. 10월 말 늦가을 붉은 단풍들이 그 자리를 수놓고 있었다.
바닥을 수놓은 빨간 단풍들이 마치 민주열사들의 열정과 민주화를
위해 흘렸던 숭고한 피처럼 보였다.

박승희 열사 추모비를 지나 중앙에 다다르면 '임을 위한 행진'이라
는 동상이 있다. 이는 2004년 5.18민주화운동 당시 모습을 형상화해
제작한 김대길 조각가의 작품으로, 학생들에게 그날의 뜨거운 외침을
기억하라는 의미에서 만든 것이다.

중앙정원 가운데 우뚝 선 '임을 위한 행진' 동상

　중앙 정원을 지나 쭉 올라가다 만나는 갈림길에서 오른쪽으로 가면, 사범대학이 나온다. 이곳에는 1990년에 그려진 최초의 5.18민중항쟁 벽화가 있는데 철거 위기를 겪다가 광주 시민들의 지지 아래 2017년 새롭게 복원되었다.

　전남대 사회 과학 대학에는 윤상원 열사의 흉상이 있다. 윤상원 열사는 5.18 당시 도청에 남아 최후까지 저항했던 시민군이자, 시민군 대변인이다. 마지막 도청 항쟁에서 윤상원 열사는 그냥 도청을 비워주면 그동안의 투쟁은 헛수고가 될 것이라며, 끝까지 계엄군에 물러서지 말 것을 주장했다. 또한, 5월 26일 최후 항전의 밤 청년들에게 "이제 너희들은 집으로 돌아가라. 우리들이 지금까지 한 항쟁을 잊지 말고 후세에도 이어가길 바란다. 오늘 우리는 패배할 것이다. 그러나 내일의 역사는 우리를 승리자로

무수한 항쟁의 외침이 깃들어 있는 사범대 벽화

윤상원 열사비. 굳게 맞잡은 손이 결의를 나타내는 듯 보인다.

전남대 정문을 지키는 박관현 열사 추모비

만들 것이다"라고 말했다. 이 말처럼 윤상원 열사와 광주 시민들은 패배하지 않았다. 지나온 항쟁의 역사가 그들이 진정한 승리자란 것을 보여주고 있다.

전남대학교 탐방의 마지막 장소는 신군부의 반인권적 폭력에 죽음으로 저항했던 박관현 열사의 기념비가 있는 박관현 언덕이다. 박관현 언덕은 윤상원 숲에서 정문 방향으로 길을 따라 내려가면 바로 정문 옆에서 쉽게 찾아볼 수 있다. 박관현 열사는 전남대 총학생회장으로 1980년 3월 자율적인 학생회 조직을 목표로 하는 학원자율화운동을 주도했다. 그 후 5월, 민주화를 위한 투쟁을 이어나가다 끝내 감옥에서 생을 마감했다.

박관현 열사비를 끝으로 5.18 관련 전남대 탐방은 끝이다. 전남대에서는 3개의 비석을 중심으로, 열사들의 삶과 투쟁을 생각하며 현장을 돌아보았다. 비록 비석은 세 개뿐일지라도 5.18 당시 광주의 학생들과 시민들은 모두가 박관현 열사이자 윤상원 열사였고, 또한 박승희 열사였다. 무수히 많은 젊은이가 전남대 정문에서 공수부대와 맞서 투쟁했다. 그들은 비범했으나 또한 지금 전남대 캠퍼스를 걷는 학생들과 다름없는 평범한 학생이었다. 5.18 광주의 역사는 특별한 이들이 만들어낸 것이 아닌, 무수히 많은 평범한 이들이 써내려온 투쟁의 역사인 것이다.

전남대학교

http://www.jnu.ac.kr

주소: 광주광역시 북구 용봉로 77

전화번호: 062-530-5114

운영시간: 오전 9시~오후 5시 (그 이후에도 개방은 하지만 건물에 들어가지 못할 수 있음)

그날의 기록들 5.18민주화운동 기록관

5.18민주화운동 기록관은 전남대에서 버스로 20분 정도 거리에 있다. 1층부터 2층까지 5.18의 전개와 의의를 시간 순으로 나열해 놓았는데, 광주 시민들이 왜 총을 들 수밖에 없었는지에 대한 설명이 눈에 띄었다. 총과 헬기로 사격을 하는 계엄군들에 비해 25일 이전까지 광주 시민들의 무기는 돌과 각목이 다였다. 총칼 대 각목의 싸움은 그 결과가 불 보듯 뻔했다. 어찌 각목이 총칼을 이길 수 있을까? 무수히 죽어나가는 가족과 친구, 이웃들을 보던 광주 시민들이 총을 든 것은 당연한 수순이었다. 그들은 단지 살기 위해 무기를 집어든 시민이었

각목을 든 광주 시민들의 모습. 결의에 찬 모습이 전율을 일으킨다.

선동을 위해 북한에서 내려왔다는 김 군은 공수부대를 향해 총을
든 시민군이었을 뿐이다.

을 뿐이다.

또 한 가지 인상 깊었던 것은 '김 군'의 이야기다. 5.18민중항쟁이
끝나고 정권이 바뀐 뒤 5.18진상 규명을 요구하는 목소리가 터져 나왔
다. 이에 전두환 정부를 필두로 한 군부세력들은 시민군이었던 시위
사진 속 한 청년을 북한에서 선동하기 위해 내려온 군인으로 둔갑시
켰다. 전 육군 대령 지만원에 의해 폭도이자 북한군의 프락치 '제1광
수'로 지목받은 김 군. 하지만 김 군은 어디에도 없었으며 또 광주
어디에나 있었다. 김 군은 그날을 겪은 광주 시민 모두일 것이다. 그날
의 광주엔 폭도는 없었으며, 오로지 시민들만이 있었다.

5.18민주화운동기록관

https://www.518archives.go.kr
주소: 광주 동구 금남로 221
전화번호: 062-613-8204
운영시간: 오전 9시~오후 6시
휴무일: 월요일 (월요일이 공휴일인 경우 익일 휴관)

245개의 총탄은 누구를 향한 것인가 **전일빌딩245**

5.18민주화운동기록관에서 나와 전남도청 방향으로 쭉 걸어오면 도보로 2분 정도 되는 거리에 전일빌딩245가 있다. 전일빌딩은 그날의 흔적을 여전히 간직하고 있었다.

하얗게 리모델링된 전일빌딩. 깔끔해졌지만 어딘가 어색하다.

1980년 5월 27일 광주 시민들을 향한 헬기 사격이 자행되었다. 다시 광주로 들어온 계엄군은 광주의 모든 것을 쓸어버릴 듯 대대적인 탄압을 멈추지 않았다. 계엄군을 피해 전일빌딩으로 들어온 시민들에게도 사격은 계속되었다. 국민을 향해 겨눠진 헬기 사격의 흔적은 당시 가장 높은 건물이었던 전일빌딩245에 고스란히 남겨져 있다. 그중 전일빌딩 10층에 남겨진 탄흔은 헬기 사격의 결정적 증거가 된다. 남겨진 탄흔이 같은 궤도인 것을 볼 때, 10층과 같은 위치에서 쏜 것이 분명하기 때문이다.

헬기 사격의 증거. 그날의 진실은 고스란히 남아있다.

헬기 사격 모형. 당시에 쓰였을 것으로 추정되는 헬기의 모습을 재현했다.

그러나 정황상 헬기 사격의 증거가 명백하게 남아있음에도 전두환과 군부세력들은 여전히 그러한 명령을 한 적이 없다고 주장한다.

전일빌딩은 지하 1층부터 지상 10층까지 있으며, 9, 10층이 19800518 전시관이다. 10층에는 앞서 말한 총탄 자국들이 고스란히 남아있어 광주 시민들의 공포가 느껴지는 듯했다. 더 안쪽으로 들어가면 헬기 사격 전말에 대한 5분가량의 영상과 모형이 준비되어 있다. 시민들의 진술과 헬기 사격 상황, 그 피해와 공포 등이 애니메이션으로 잘 만들어져 있다.

10층에 이어 9층은 5.18 당시 잘못된 소문과 그 해명이 전시되어 있다. 지금이야 5.18민중항쟁은 폭동이 아니라고 규명됐지만, 불과 50여 년 전만 해도 광주 사람들은 빨갱이이자 폭도였다. 그리고 아직도 나이 많은 분들에게는 그 이미지로 남아있다. 실제로 서울에 거주했

전일빌딩의 옥상 전일 마루. 지금은 일하는 분들의 휴식처가 되기도 하고, 학생들이 찾아오는 공간이기도 하다.

전일빌딩에서 바라본 전남도청. 도청과 분수대가 한눈에 보인다.

던 친구의 아버지는 광주에서 폭동이 일어났다고 철석같이 믿었다고 한다. 국가가 자행한 폭력도 그렇지만 같은 국민에게 당한 손가락질은 표출할 수 없는 분노로 쌓여 광주 시민의 가슴 속에 응어리졌을 것이다.

전일 빌딩의 옥상에는 전일 마루라는 옥상 공원이 조성되어 있다. 이곳에서는 도청의 모습과 금남로의 모습을 내려다볼 수 있으며, 전남대와 조선대도 볼 수 있다. 또한 바로 건너편에 있는 (구) 전남도청도 한눈에 들어온다. 5.18민중항쟁이 어떻게 시작되었는지 눈으로 좇아볼 수 있는 공간이다.

야경이 꽤나 멋져서 밤에는 나뿐만이 아니라 몇몇 젊은이들이 찾아와 구경했다. 사진을 찍고 있는 내 옆에서 까르르하는 웃음소리가 끊이지 않았다. 전일빌딩은 자칫 낯설고 어려운 공간으로 느껴질 수 있는 곳임에도 친숙한 공간으로 자리 잡고 있다. 하지만 한편으론 리모델링 전 웅장한 모습도 그 나름대로 방문하는 이들에게 주는 메시지가 있지 않았을까 생각한다.

전일빌딩245

주소: 광주 동구 금남로 245
전화번호: 062-225-0245
운영시간: 오전 9:00~오후 7:00
휴무일: 1월 1일, 설날, 추석

붉게 물든 최후의 항쟁지 **전남도청**

전일빌딩에서 신호등을 하나 건너면 바로 전남도청이 있다. 전남도청으로 향하는 건널목을 건널 때 어디선가 익숙한 멜로디와 종소리가 울렸다. 하지만 영문 모를 소리에 어리둥절하고 있는 것은 나뿐이었다.

이상한 이끌림에 소리가 울리는 곳으로 향하자 시계탑이 보였다. 노래는 여기서 흘러나왔다. '임을 위한 행진곡'이었다. 궁금하여 5.18민중항쟁기록관에서 만난 문화 해설사에게 물어보니, 시계탑 왼쪽에는 '민주의 종'이 있는데 이 종은 매일 5시 18분마다 타종을 하며, 그 시간에 맞춰 시계탑에서는 '임을 위한 행진곡'이 흘러나온다고 한다. 의도한 바는 아니었지만 우연하게도 종소리와 '임을 위한 행진곡'을 들을 수 있었다. 모르고 들었음에도 종소리와 노랫소리에는 어떠한 웅장함이 있었다.

여전히 그 자리에 우직하게 서 있는 시계탑

시계탑은 1980년 당시 전남도청 앞에 있었던 것으로 그날의 참상을 다 지켜보았을 것이다. 신군부에서도 이를 의식했는지 어느 날 시계탑을 다른 농성광장으로 옮겼고, 2013년 5월까지도 그곳에 머물렀다. 이 자리로 되돌아온 것은 2015년 1월이다. 광주 시민들이 시계탑을 다시 옮겨온 것은 그날의 참상을 시계탑을 통해 기억하라는 의미일 것이다.

전남도청 앞은 광장으로 활용하고 있었다. 그리

전남도청의 모습. 예전과 많이 달라진 모습에 아쉬움이 남는다.

고 그 한쪽엔 포박된 전두환 동상이 있다. 빨리 죗값을 치르길 바라는 광주 사람들의 염원이 담긴 듯한 동상이었다.

좀 더 왼쪽으로 걸어가면 상무관이 나온다. 상무관은 당시 시신을 임시 보관하던 곳으로, 5월 내내 상무관 앞에는 시신의 행렬이 끊이지 않았다고 한다. 피 칠갑을 한 시신들 속에서 가족을 찾는 사람들의 울음소리가 들리는 듯했다.

전남도청은 5.18 광주 민주화 운동의 최후 항쟁시로, 이곳을 빼놓고는 5.18을 말할 수 없다. 도청 바로 앞 분수대는 학생운동과 각종 시위의 집결지였고, 5월 당시에도 분수대와 도청은 하나의 상징으로서 작용했다. 마지막 26일 전남도청에는 목숨을 바친 숭고한 사람들이 모여들었다. 도청에 남는다는 것은 죽음을 의미한다는 것을 알았다. 그런데도 도청을 버릴 수 없었던 것은 끝까지 저항하지 않고 포기한다면, 지금까지 이어진 항쟁의 의미가 퇴색된다는 것을 알았기

목이 잘린 전두환 동상. 광주 시민들의 분노가 느껴진다.

묘지를 둘러싼 산의 정기를 받은 듯 민주의 문은 한 없이 웅장했다.

때문이다. 피 흘려 죽어간 동지들을 위해 그들은 목숨을 걸었다. 그리고 그들이 목숨을 걸었던 덕에 광주와 이 땅의 사람들은 그들의 항쟁과 간곡한 울부짖음을 깊이 새기게 되었다.

　전남도청은 현재 아시아문화전당(ACC)으로 재단장하여 전시 장소로 쓰이고 있다. 그러나 리모델링하면서 예전 도청의 모습과 항쟁의 흔적들이 사라져버려 안타까움을 자아냈다. 시민들이 기억하고자 하는 도청의 모습은 시멘트가 발라진 깨끗한 모습이 아니다. 어떤 이들은 리모델링이 아닌 훼손이라고 이야기한다. 그렇기에 전남 시는 2022년을 목표로 전남도청의 원형 복구를 추진하고 있다고 한다. 앞으로 어떻게 될지는 계속 지켜봐야 할 문제이다.

아시아문화전당 (전남도청사)

주소: 광주 동구 문화전당로26번길 7
전화번호: 없음
운영시간: 평일 오전 10시~오후 6시
휴무일: 매주 월요일 (2020년 7월 15일 이후, 내부 공사로 인해 2~3년간 건물의 내부는 출입이 제한된다.)

줄줄이 늘어선 묘지들. 따가운 햇빛에 눈뿐 아니라 마음도 아파졌다.

한 많은 영혼을 달래며 국립5.18민주묘지, 망월동 구묘지

광주에서 마지막으로 향한 곳은 국립5.18민주묘지와 망월동 구묘지이다. 1980년, 열흘간의 항쟁 속에 죽어간 희생자들의 주검을 가족과 친지들이 손수레에 실어와 망월동에 묻었다. 날아오는 진압봉, 쏟아지는 총탄 세례 앞에서 광주 시민들은 두려움에 떨면서도 싸늘한 주검을 챙겼다. 그것이 망월동 묘역의 시작이었다. 그리고 상무관 앞과 도처에 널려 있던 연고자가 없는 시신은 1980년 5월 30일, 전두환과 신군부에 의해 청소차에 실려 이곳에 매장됐다. 장례를 위한 것은 아니었다. 그저 진실을 은폐하기 위해 시신을 실어왔을 뿐이다.

또한 신군부는 시신을 매장한 후, 전투경찰들에게 망월동 구역을 통제하게 함으로써 유가족들의 추모를 막았다. 그러나 찾아오는 참배객과 유가족이 많아지며 봉쇄가 힘들어졌고, 이곳이 민주화의 성지가 되려는 조짐이 보이자 묘역 자체를 없애버리려고도 했다. 죽어서도 희생자들은 자유롭지 못했다.

하늘 높이 솟은 추모탑

　망월동 묘역이 지금의 모습을 갖춘 것은 1997년부터이다. 구묘역에
안장되어 있던 영령들은 새 묘지로 이장되었고, 그 신묘지가 지금의
국립5.18민주묘지이다. 망월동 구묘지는 오월의 참상을 여실히 드러
내는 사적지이기에 그대로 보존되어 있다고 한다.

　나는 신묘역부터 먼저 들렀다. 버스에서 내려 길을 건너가면 묘지
의 입구인 민주의 문이 보인다. 웅장하게 펼쳐진 민주의 문을 넘어선
뒤 그때까지 참아왔던 숨을 내뱉을 수 있었다. 민주의 문을 뒤로 한
채 나아가는 내 마음속엔 경건함과 웅장함이 깃들었다.

　추념문을 지나자 40미터 가량의 거대한 추모탑이 보인다. 가운데
둥근 타원형은 새로운 생명의 부활을 상징하고, 그 타원형 구체에 반
사되는 태양 빛은 희망의 씨앗을 나타낸다. 추모탑에 다가서니 푸르
른 가을 하늘 아래 잘 관리된 묘지들이 보였다. 묘비의 뒤쪽에는 친지
들이 남긴 글과 돌아가신 과정이 쓰여 있었는데 하나하나 찬찬히 읽
어보니 더욱더 광주 사람들의 아픔이 느껴지는 듯했다.

　무덤들 사이로 무명 열사의 묘들도 보인다. 누구인지 신원을 찾지

못한 묘의 주인은 얼마나 한이 맺혔을까 싶었고, 그들의 가족은 또 얼마나 이들을 찾아 헤맬까 싶었다. 어쩌면 일가족이 다 같이 묻혀서 아무도 찾지 못한 것일지도 모른다.

신묘역에서 왼쪽 길을 따라 쭉 올라가면 길 건너에 구묘역이 보인다. 길을 건너 망월동 구묘역에 들어서자 눈앞에 펼쳐진 광경에 숨이 턱 막힌다. 앞서 보았던 신묘역에서는 느끼지 못했던 기분이었다. 한 발 한발 발걸음을 떼자 나도 모르게 팔 위로 닭살이 우수수 돋아났다. 줄줄이 늘어선 묘지들의 행렬에 경악을 금치 못했다. 묘지가 끝도 없이 계속 이어졌다.

끝없이 늘어선 묘지의 뒷면(왼)과 무명 열사의 묘(오)

망월동 묘지들. 어느 곳을 바라봐도 숨이 턱 막힌다.

망월동 전두환 비석. 사람들의 발길질에 낡고 갈라진 모습이다.

5.18 당시 광주의 거리에는 사람들의 사체가 쌓여 있었다고 한다. 그 풍경을 사진과 글로 익히 보았고, 그렇기에 잘 알고 있다고 생각했다. 하지만 아니었다. 글과 사진으로 다 담을 수 없었던 것이 눈앞에 펼쳐졌다. 묘지들을 보니 비로소 그때 상황이 얼마나 참담했었는지 확 와 닿았다. 내가 본 것은 그저 묘비지만 광주 시민들이 보았던 것은 이 묘비들만큼의 시체였을 것이다. 어찌 트라우마가 되지 않을 수 있을까?

망월동 구묘지 초입에는 전두환 비석이 있다. 이 비석은 전두환이 1982년 광주로 들어오려다 광주 시민들의 결렬한 반대로 담양에 머물며 세운 기념비이다. 후에 광주 사람들이 그 비석을 뽑아다 망월동 묘역 입구, 잘 밟을 수 있는 곳에 박아두었고, 망월동에 들르면 이 비석을 밟는 것이 하나의 관례처럼 굳어졌다. 수많은 이들을 죽음으로 몰고 간 사람을 향한 발길질은 비석이 닳아도 끊이지 않았다.

국립5.18민주묘지
http://518.mpva.go.kr
주소: 광주 북구 민주로 200
전화번호: 062-268-0518
운영시간: 오전 9시~오후 6시
휴무일: 연중무휴

광주의 오월을 위로하며

5.18 당시 광주 시민들의 격렬했던 투쟁은 살아남은 사람들에게 가슴 아픈 기억으로 남아있다. 그 마음의 무게는 그날을 공유한 사람이 아니라면 헤아리기 힘들 것이다. 그러나 망월동 묘역을 뒤로 하고 서울로 올라오는 길, 그 무게를 조금이나마 느껴본 듯했다. 망월동 묘지에 발을 내딛던 그 순간의 감정은 아마 그곳을 방문한 사람이라면 누구나 공감할 것이다. 눈앞에 펼쳐진 묘들의 형상 속에서 사람들은 비슷한 감정을 공유하고, 그 감정의 무게를 평생 기억할 것이다. 그렇기에 5.18 열사들의 숭고함과 남겨진 광주 사람들의 울음, 원통함, 그것이 한데 모여 광주의 아픔으로 기억된다. 그리고 이것이 그날의 광주를 느끼고 기억하는 새로운 방식이며, 5월 18일의 광주를 함께하지 못했던 우리가 할 수 있는 가장 큰 위로이지 않을까? 이 책을 읽는 이들도 광주의 아픔을 돌아보며 같은 감정을 공유하고, 이것을 다시 주변인들에게 전하길 바란다.

이수현_중국학과

별다를 것 없이 흘러가는 삶을 사는 25세 청년이다. 글을 끄적이기 좋아하고, 사진과 여행을 사랑한다. 졸업을 앞둔 지금 힐링이 되는 포근한 여행, 의미가 있는 여행을 만들어나가는 게 꿈이다.

각자의 세상이 우리의 세상이 되다

—동학농민운동(정읍·전주)

1995년 8월 홋카이도 대학 문학부 연구실에 있던 종이상자에서 유골 하나가 발견됐다. 유골의 주인이 누구인지 공방을 펼치기도 전에 두개골에서 기록이 발견되었는데 "메이지(明治) 39년(1906) 9월20일 진도에서 효수된 한 지도자의 해골, 시찰 중 수집"이라는 설명이 첨부되어 있었다. 두개골에 새겨진 글의 내용으로 그가 농민군 지도자라는 것을 알 수 있었다. 홋카이도 대학 측에서는 해당 유골이 1906년 조선총독부의 전신인 한국통감부에서 농업 전문가로 일하던 일본인에 의해 운반되었을 것이라고 추정했다.

　　약 90년 만에 세상에 알려진 그 두개골은 고국으로 봉환되어 전주 동학혁명기념관과 정읍 황토현 구민사(동학농민군의 위패가 모셔져 있는 사당) 등에 임시 안치된 뒤 DNA, 필적검사, 토양 감정 등의 유해 조사를 받았다. 하지만 두개골의 신원을 확인하는 데에는 실패했다.

　　2002년 전주 동학농민혁명 기념 사업회는 전주 역사박물관에 유골을 임시로 안치하고 영면을 위한 안장을 추진했다. 하지만 추진이 연달아 무산되면서 17년 동안 전주 역사박물관 수장고에 머물러야 했다. 결국 그는 125년 만에 동학농민혁명의 승전지인 전주 완산공원과 곤지산 일대에 조성한 '녹두관'에서 영면에 들게 되었다.

　　사람이 한울(하늘)임을, 국가의 힘은 국민으로 나온다고 외쳤을 그는 어떤 삶을 살다가 타국으로 건너가고 다시 조국에 돌아와 잠들게 된 것일까?

동학농민운동의 시작 **만석보**

　　조선 말기는 널리 사회를 교화시켜 세상을 올바르게 통치하겠다는 도리와는 다른 방향의 세도정치가 행해졌고, 세계는 열강의 패권주의

황금빛 고부 평야(만석보 터)

정책인 제국주의가 성행했다. 동학농민운동이 전라도에서 전주 다음
으로 번창한 고을이자 쌀과 상업의 중심인 고부에서 시작된 것은 어
찌 보면 당연한 수순이었다. 고부는 곡창지대이면서 해안에 인접해
있어 물산이 풍부했는데, 이는 탐관오리가 선호하는 지역이기도 하다.
때문에 고부는 탐관오리가 끊이지 않았는데 군수 조병갑도 그러한
인물 중 하나였다.

　조병갑이 고부 군수로 부임해 있을 때 전국에 큰 가뭄이 덮쳤다.
다행히도 고부는 그럭저럭 추수를 할 수 있었다. 그러자 조병갑은 수
확이 없는 북쪽 지방의 세금을 고부에 떠넘겼는데, 이는 국세의 세
배에 달하는 양이었다. 뿐만 아니라 자신의 아버지 조규준의 비각을
세운다는 명목으로 농민들을 괴롭혔다. 그의 악행은 계속 이어졌다.
물 걱정을 덜어주겠다며 정읍천과 태인천이 만나는 동진강에 만석보
를 만들었는데 그 지역에는 이미 광산보와 예동보가 존재하여 농민들
이 농사짓는 데에 전혀 불편함이 없었다.

　조병갑은 만석보를 세운다는 목적으로 많은 세금을 거두었고, 동시

에 보를 세우는 과정에서 많은 농민들을 동원했다. 농민들은 노동력 착취와 세금이라는 이중고를 겪게 된 것이다. 심지어 만석보가 완공된 해에는 수세를 걷지 않겠다고 했으나, 조병갑은 약속을 저버렸다. 이러한 일들이 계속 발생하자 이에 분개한 농민들은 고종 31년(1894) 사발통문沙鉢通文(사발을 엎어서 그린 원을 중심으로 참여자의 이름을 둘러가며 적은 통문)을 만들어 말목장터에 모인다. 그리고 변화로 가는 걸음이 시작된다.

동진강과 배들평야가 만나는 곳에 만석보 티가 있다. 하늘과 맞닿아 있는 배들평야는 만석보의 비극과는 거리가 먼 듯 몹시 풍요로워 보인다.

19세기 초 조선은 이앙법 발달로 노동력은 줄이고 생산량은 증대시키는 농산업의 변화를 맞았다. 또한 수리 시설 발전과 농기구 개량으로 농업 생산량이 증대했다. 그러나 농업 생산량 증대는 농민이 아니라 지주나 대농들에 그 이익이 집중되는 결과를 가져왔다.

이앙법의 보급으로 노동력을 아낀 농민들 중 일부는 1인당 경작지 규모를 확대할 수 있었고, 광작이 가능해졌다. 광작 농업의 발전으로 농가의 소득도 높아졌다. 자작농은 물론이고, 소작농도 더 많은 경작이 가능해 경제적 여유가 생겨났고, 농민 중에 경영형 부농도 생겨났다. 그러나 이는 일부 농민에 한정된 이야기였고, 다수의 농민은 농촌을 떠나야 했다. 노동력 소모가 줄어 광작이 가능해지면서 영세한 소작 농민들은 오히려 소작지를 얻는 것이 어려워졌기 때문이다.

이앙법의 발달과 광작의 보급은 부농층을 만들었지만, 농민의 토지가 이탈되어 농민층의 분화가 발생한 것이다. 결국 소작 농민은 몰락하고 대다수 농민이 굉장히 어려운 상황에 놓였다. 여기에 더해 매관매직과 수취제도는 가혹한 수탈로 이어졌다. 삶을 위협하는 환경은 농민들을 투쟁의 선봉에 앞장서게 만들었고, 군수 조병갑의 행패는 결국 동학농민운동의 기폭제가 되었다.

조병갑은 탐관오리의 행패뿐만 아니라 민정을 동원하여 보를 축조하게 했다. 임금도 주지 않으면서 수세라는 명분으로 많은 양의 쌀을 수탈하여 농민들이 들고 일어날 수밖에 없도록 만들었다.

만석보가 무너진 자리는 억새로 가득했고, 산책로 같은 길을 따라 내려가면 잔잔한 강물을 만날 수 있다. 그때 눈길을 사로잡은 것은 아주 오래된 다리였다. 최근에 만들어진 것으로 보이는 왕복 4차선 다리 아래 조그마한 다리가 있었다. 그곳에는 햇빛을 가려주는 모자와 꽃무늬 칼라 티셔츠를 입고 자전거를 탄 채, 어디론가 향하는 할머니들의 모습이 심심치 않게 보였다. 바구니에는 호미와 낫, 방금 밭에서 딴 것 같은 나물이 있었다. 다리를 건너와 만석보 터에 자리를 잡고 나물을 다듬는 할머니들의 모습이 과거의 농민들과 묘하게 겹쳐보였다.

고부의 농민들은 만석보 터에서 일상을 살아갔을 것이다. 그리고 자신의 일상을 위협하는 것들에 반기를 들었다. 자신이 당연히 누려야 하는 것을 침해당하거나, 소중히 여기는 것을 위협당한다고 해서 모든 사람이 그에 맞설 수 있는 것은 아니다. 문제를 문제라 말하며 그것에 마주했던 그들이 지금의 우리를 만든 것이다.

만석보 터
주소: 전북 정읍시 이평면 하송리 17-1

같은 마음, 같은 곳으로 향하는 농민들 **고부관아 · 향교**

갑오년 1월 부안, 태인, 정읍으로 가는 삼거리 장터에는 머리에 천을 동여맨 농민들이 삼삼오오 나타났다. 그들은 고부 관아로 향했고

고부 향교에서 내려다 본 고부 마을의 모습이다.

가는 길에 사람들이 점점 더해지더니 결국 고부 관아를 점령했다. 당시 상황을 머리에 그리며 말목장터 복판에 서자 언제 그런 일이 있었냐는 듯 주위가 평온했다. 그때의 열기와 함성은 어딘가로 사라지고 주변에는 관공서가 자리했기 때문이다.

　하지만 전봉준이 조병갑의 비리와 탐학貪虐을 일일이 나열하고 봉기의 목적과 당위성을 말했던 장소인 감나무는 찾을 수가 없었다. 여기저기 주택들에 있는 감나무를 기웃거리며 당시 농민군과 함께 걷는 마음으로 고부 관아를 향했다. 고부 관아로 가는 길에는 80~90년대의 향수를 불러일으키는 건물과 골목, 식당 등이 눈길을 끌었다. 과거로 여행 온 것만 같은 거리를 지나 고부초등학교를 마주했다. 고부 관아는 일제의 민족말살정책으로 사라졌고, 그 자리에는 8,000명이 넘는 학생들을 품고 있는 고부초등학교가 들어섰다. 고부초등학교 앞에는 그 당시 관아가 주민의 삶을 살피지 못했던 것을 보상이라도 하듯 고부 작은 도서관, 게이트볼장이 들어서 지역주민에게 문화생활을 제공하고 있었다.

고부초등학교는 마을에서 높은 지대에 속하는 터라 운동장에 올라 마을을 바라보면 마을 풍경이 한눈에 담긴다. 고부의 관리들은 이렇게 높은 위치에서 마을을 내려다보면서도 왜 농민들의 마음 한 번 살피지 못했는지, 농민들이 걸어 이곳까지 왔을 때 어떤 심정이었을지 절로 곱씹게 되었다. 고부초등학교 옆에는 400년이 넘은 은행나무가 서 있으며 그 나무를 중심으로 임진왜란 때 소실되었다가 다시 중건한 고부향교가 있다. 이곳은 전봉준의 아버지 전창혁이 향교의 장의(임원)를 지낸 곳이기도 하다.

말목장터
주소: 전북 정읍시 이평면 두지리 191-2

고부 관아터(고부 초등학교)
주소: 전북 정읍시 고부면 교동3길 14 고부초등학교
전화번호: 063-536-3020

고부 향교
주소: 전북 정읍시 고부면 교동4길 18

동학농민운동 속 인물 **전봉준 고택과 단소**

전봉준 선생 고택 앞에는 우물이 있다. 정읍은 수질이 좋고 물이 풍부한 고을이어서 주변을 유심히 관찰하면 종종 우물터를 발견하는데, 이곳에서도 우물을 볼 수 있었다. 고택에 어슬렁어슬렁 돌아다니는 고양이들을 쫓으니 장독대와 담에 늘어져 있는 애호박 덩굴이 눈

전봉준 고택 맞은편 집의 지붕에는 박이 주렁주렁 달려있다.

에 들어왔다. 살아있는 것들의 힘으로 고택에는 누군가 사는 듯한 착
각을 불러일으켰다.

　이곳에 도착했을 때 실은 고택 맞은편 집이 먼저 눈에 들어왔다.
〈흥부전〉에 등장할 것만 같은 박이 지붕 위에 주렁주렁 달려있었기
때문이다. 맞은편의 집은 여전히 누군가의 터전인 것 같았는데 어떻
게 지금껏 관리하고 있는지 궁금증을 불러일으켰다.

　다음 향한 곳은 전봉준 장군의 단소(제단이 있는 곳)였다. 소나무
숲 사이에 자리한 유해 없는 허묘와 함께 '전봉준 장군 운명 시비'
같은 비석들이 나란히 서서 전봉준 장군을 보좌하고 있었다.

전봉준 선생 고택
주소: 전북 정읍시 이평면 조소1길 20

전봉준 장군 단소
주소: 전북 정읍시 이평면 창동리

정읍에서의 마지막 발걸음
백정기의사기념관, 동학농민운동기념관, 황토현전적지

정읍에서 동학농민운동의 발자취를 좇아 동학농민혁명관으로 향하던 중 규모가 큰 기념관을 발견해 잠시 방문했다. 이곳은 동방 무정부주의자 연맹 한국 대표를 역임한 백정기 의사의 기념관이다. 기념관은 굉장히 넓은 부지에 조성되었는데, 널리 알려진 인물이 아님에도 내부 표지판이나 설명이 상세하지 못한 것이 많이 아쉬웠다. 이러한 아쉬움은 사실 이곳에만 해당되는 것은 아니다. 전봉준 선생 고택의 방명록에 "정읍은 표지판이 불편합니다."라는 글이 쓰여 있는데, 정읍을 알아갈수록 그 말에 공감하게 된다.

동학농민혁명 기념관의 문을 열고 들어가면 바로 앞에 나무 한 그루가 전시되어 있다. 누가 봐도 오랜 세월을 견뎌낸 이 나무는 말목장터에서 찾던 그 감나무였다. 감나무는 세월의 풍파를 겪으며 150년 넘게 버텨왔으나 2003년 여름 태풍의 여파로 쓰러졌다고 한다. 그 뒤 나무의 보존과 전시를 위해 동학농민혁명 기념관으로 옮긴 것이다.

넓은 부지에 조성된 백정기 의사 기념관의 입구가 보인다.

기념관은 농민들의 식생활부터 조선시대 조세제도 등 큰 틀에서 동학농민운동으로 이어지는 흐름을 보여주고 있다.

기념관에서 특히 눈에 띈 곳은 어린이 체험관이었다. 동학농민혁명 관련 도서부터 집강소 체험까지 다양한 연령층이 향유할 수 있도록 구성되어 있고, 벽 한 편에는 "우리가 꿈꾸는 세상은 무엇인가요?"라는 질문과 함께 한반도 모양으로 포스트잇이 붙어 있다. 한반도 모양에만 붙이도록 되어 있지만, 학생들이 따로 울릉도와 독도 자리에 붙여놓은 포스트잇은 보는 이를 미소 짓게 했다.

각자 바라는 마음 속 세상은 다른 모습이지만, 결국 모두를 위한 세상이라는 것은 같다.

동학혁명기념관 입구의 모습이다.

　포스트잇을 찬찬히 훑어보니 평화로운 나라부터 모두가 행복한 세상, 통일 한국, 싸움이 없는 세상, 취업난 없는 세상 등 저마다 꿈꾸는 세상이 달랐다. 저마다 다른 세상을 원하지만 그것이 결국 '우리' 모두를 위한 것이라면 함께 힘쓰는 마음이 필요하지 않을까. 동학농민운동 또한 각자가 원하는 세상이라는 작은 것에서 시작해 세상을 크게 변화시켰다. 그렇기에 지금보다 나은 사회를 만드는 것에 관심을 두고 행동하는 것은 민주주의와 자유를 위해 희생하신 선조들에 대한 보답이자 우리가 해야 할 일이다.

동학농민혁명 기념관
http://www.1894.or.kr/main_kor/index.php
주소: 전북 정읍시 덕천면 동학로 715
전화번호: 063-536-1894
운영시간: 오전 9시~오후 6시
휴무일: 일요일, 1월 1일
입장료: 무료

정읍에서 마지막으로 방문한 곳은 정읍 황토현 전적지이다. 황토현 전적은 관군에게 동학농민군이 대승을 거둔 곳으로, 과거 싸움의 흔적은 다 어디로 가고 구절초가 흐드러지게 피어 있다. 아픔의 땅에서 꽃이 만개해 꽃동산을 이룬 것이다. 피어난 구절초를 따라 걷다 보니, 지금은 아름다운 땅이지만 그 세월을 모두 지켜봤다는 점이 마음 쓰이게 했다.

"안으로 탐학한 관리의 머리를 베고, 밖으로는 횡포한 강적의 무리를 내몰고자 함이라. 양반과 부호 앞에 고통을 받는 민중들과. 방백과 수령의 밑에서 굴욕을 받는 소리들은 우리와 같이 원한이 깊은 자라. 조금도 주저하지 말고 이 시각으로 일어서라, 만일 기회를 잃으면 후회하여도 돌이키지 못하리라."라는 말로 바로 이 장소에서 농민군이 일어섰다. 세상은 변했고 과거의 그들과는 다르게 우리는 이제 부정한 것에 정당하게 맞설 힘을 갖게 되었고, 우리의 힘으로 변화를 일으키며 변화한다. 다른 날 이곳에 선 우리의 미래는 또 과거를 어떻게 생각하고 있을까.

황토현 전적지

주소: 전북 정읍시 덕천면 하학리
주소: 전북 정읍시 산이면 오공리
전화번호: 063-536-6776
운영시간: 오전 09:00~오후 06:00
입장료: 무료

TIP 김명관 고택 _드라마 녹두꽃 촬영지

아흔 아홉 칸 양반집인 김명관 고택은 조선 중기의 전형적인 상류층 주택의 모습을 잘 갖추고 있다. 이 집은 김동수의 6대조인 김명관이 정조 8년(1784)에 건립하였다. 주변과 조화가 돋보이며 보수나 개조를 하지 않아 원형 그대로 보존되어 있는 것이 특징이다.

정읍 동학농민운동 답사지들은 버스의 배차 간격이 클 뿐만 아니라 하루에 1회만 배정되어 있는 곳도 있고 여행지 사이의 거리가 멀다. 시내와도 거리가 있는 편으로 자차 이용을 적극 추천한다. 숙소 또한 시내에 밀집되어 있어서 이평면이나 백산면을 여행할 경우 여행지를 하루 안에 돌아보고 정읍역 근처나 타 지역으로 이동하는 것을 추천한다.

동학농민운동 당시 농민군은 무장에서 출발해 흥덕, 영광, 장성을 거쳐 태조 이성계와 조선왕조의 뿌리가 있는 전주로 향했다. 전주성을 점령한 농민은 관군과 용머리고개에서 치열한 전투를 벌였고, 농민군이 제시한 폐정개혁안을 수락하는 조건으로 전주화약을 체결한다. 정읍에서 시작한 1차 봉기는 전주에서 매듭지어졌다.

정읍 추천 음식점

백제식당
주소: 전북 정읍시 이평면 평령골길 178
전화번호: 063-534-9159
단일 메뉴: 오리주물럭 한 마리 35,000원

돗가비
주소: 전북 정읍시 수성택지3길 15
전화번호: 063-532-6080
영업시간: 매일 오전 11:00~오후 09:00
휴무일: 명절
추천 메뉴: 갈비찜 1인분 15,000원 / 갈비탕 8,000원

장서방 영양갈비찜
주소: 전북 정읍시 학산로 89-93
전화번호: 063-535-8987
영업시간: 매일 오전 11:30~오후 10:00 (브레이크 타임 오후 02:00~05:00)
휴무일: 매월 첫째 주·셋째 주·다섯째 주 일요일
추천 메뉴: 장서방 영양갈비찜 13,000원

전주한옥마을에서 동학농민운동을 찾다 동학혁명기념관

아침 일찍 왱이집에서 밥을 먹고 나와 찾아간 곳은 전주 동학혁명기념관이다. 외갓집이 전주에 있어 전주 일대를 줄줄 꿰고 있음에도 전주한옥마을에 동학기념 전시관이 있다는 사실을 알지 못했다. 꽤 이른 시간임에도 생각보다 많은 사람들이 이곳을 찾고 있다는 사실에 놀랐다. 동학혁명기념관은 정읍의 동학농민운동기념관과는 다르게 '동학' 자체에 초점이 맞추어져 있다. 역사적 배경과 흐름보다는 동학 창도나 교조신원운동, 동학농민혁명의 계승 등 특정 주제에 맞추어 좀 더 자세한 이야기를 풀어내고 있다.

아쉬운 점은 한옥마을의 중심이 되는 전동성당이나 경기전과 떨어져 있어 기념관을 지나치기 쉽다는 것이다. 사실 한옥마을 거리를 구경하며 걸어가면 그리 먼 거리는 아니다. 경기전과 홍지서림 거리의 사이쯤 있으니, 큰 규모의 전시관이 아니기 때문에 여행 일정에 없더라도 꼭 한 번 들려볼 만한 곳이다.

전주한옥마을
http://hanok.jeonju.go.kr
주소: 전북 전주시 완산구 기린대로 99
전화번호: 063-282-1330
운영시간: 24시간
휴무일: 연중무휴
입장료: 무료

동학혁명기념관
주소: 전북 전주시 완산구 은행로 34 동학혁명기념관
전화번호: 063-231-3219
운영시간: 오전 10:00~ 오후 5:00
휴무일: 월요일
입장료: 무료

경기전

주소: 전북 전주시 완산구 풍남동 3가
전화번호: 063-281-2780
운영시간: (3월 1일~10월 말까지) 오전 9:00~오후 07:00
         (11월 1일 ~2월 말까지) 오전 9:00~오후 06:00
입장료: 어른 3,000원 / 청소년·대학생·군인 2,000원 / 어린이 1,000원
태종이 전주, 경주, 평양에 태조 이성계의 어진을 봉안하고 제사하는 전각을 건설할 당시
왕조의 발상지인 전주에 세운 전각이다.

전동성당

http://www.jeondong.or.kr/main/?load_popup=1
1889년 보드네 신부가 성당 부지를 매입해 건설한 성당으로 호남지방의 서양식 근대건축
물 중 가장 규모가 크고 오래된 건축물 중 하나이다. 첫 천주교 신자의 순교지라는 점에서
의미가 있다.
주소: 전북 전주시 완산구 태조로 51
전화번호: 063-284-3222

동학농민군 전주로의 진군 **완산칠봉**

전봉준이 이끄는 농민군은 완산칠봉과 용머리고개에 자리한 후, 신묘한 전술로 피해를 입지 않고 전주성에 입성했다. 완산칠봉은 전주에서 꽃동산으로 유명한 곳이다. 최근에는 겹 벚나무 사진으로 SNS에서 조명 받는 곳이기도 하다. 완산칠봉의 투구봉에는 흥미로운 이야기가 전해진다. 다른 봉우리에 비해 유난히 벼락을 많이 맞아 나무가 살지 못해 산등성이가 밋밋해졌는데, 그 모양이 군인의 투구처럼 보여 투구봉이라 불린다는 것이다. 산꼭대기 바위에 철분이 많아 자주 벼락을 맞았을 것이라는 추측이다.

무엇보다 재미있는 사실은 투구봉에 전해지는 비화이다. 1957년 11월 19일 일반 깡패들의 행패에 격노한 전주농고 백마크럽, 신흥고 피라밑크럽, 전주고 죽순크럽, 전주사범 백운크럽 등 30명과 일반깡패

주봉에서 바라 본 전주 일대의 모습이다.

전동크럽, 백도크럽 등 일당 47명이 투구봉에서 일대 대결을 벌였으
나 승부가 나지 않아 대표자끼리 결전하기 직전에 일망 타진된 기록
이 있다. 이 사실은 산을 오르던 중 팻말을 보고 알게 되었는데, 이런
기록을 지자체에서 팻말로 설명해 놓은 것이 신선해 기억에 남는다.

완산칠봉을 오르는 길은 여러 갈래가 있지만, 전주시립도서관 뒤편
으로 산을 오르면 얼마 안 가 녹두관이 나오기
때문에 이 길을 추천한다. 녹두관은 글을 시작
하며 언급했던 백 년 간 떠돌던 넋이 있는 장소
이다. 사실 이번 여행을 통해 가장 다양한 감정
을 느꼈던 순간이 바로 녹두관에서 해당 사실
을 접했을 때이다. 생각지도 못한 새로운 사실
을 알게 되어서이기도 하지만, 복구된 지도자
의 얼굴이 주변에서 흔히 볼 수 있는 사람의
것처럼 보였기 때문이다. 어디서나 볼 수 있는,
평범한 인생을 살고 있을 것만 같은 그의 얼굴
을 많은 사람이 만나보았으면 한다.

완산칠봉을 오르던 중 발견한 설명비

녹두관 전망대에 서면, 전동성당과 풍남문, 남부시장 등 전동과 풍남동의 건물들이 훤히 보인다. 전주 여행을 마무리하는 마음으로 여행했던 장소들을 찾아보는 재미가 있다. 녹두관을 지나 1킬로미터 정도 오르면 완산칠봉의 주봉에 이르는데 완산동과 중화산동, 효자동 등 전주 시내 일대를 모두 내려다볼 수 있다.

완산공원

주소: 전북 전주시 완산구 서서학동
입장료: 무료

전주시립완산도서관

https://lib.jeonju.go.kr/index.jeonju
주소: 전북 전주시 완산구 곤지산4길 12
전화번호: 063-287-6417
운영시간: 평일 오전 9:00~오후 10:00 / 주말 오전 09:00~오후 5:00
휴무일: 월요일·공휴일

호남의 심장 전주성을 향하다 **풍남문**

풍남문은 전주성의 남문으로 동학농민운동의 현장이다. 용머리고개를 넘은 농민군은 전주성을 덮쳤다. 이에 전라감사 김문현은 성문을 모두 닫고 서문 밖에 있는 민가 수천 채를 태워 농민군의 공격을 차단하도록 했다. 그러나 그런 횡포가 무색하게도 한낮이 되자 서문이 저절로 열렸고, 농민군은 호남의 심장부이자 최대 관문인 전주성을 점령할 수 있었다.

이렇듯 동학농민운동의 역사적 상징인 전주성은 안타깝게도 조선시대 순종의 도시계획으로 풍남문 하나를 남기고 사라졌다. 그럼에도 풍남문은 여전히 전주의 상징이자 중심이다. 풍남문을 기준으로 관광객이 찾는 전주한옥마을, 주민들이 찾는 객사. 전주국제영화제가 열리는 전주 영화의 거리가 이어지기 때문이다.

동학농민운동의 마지막 발자취이자 수많은 사람이 오가는 풍남문 앞 광장에는 몇 해째 자리를 하는 세월호 분향소가 있다. 과거에서 현재로 이어지는 순간이다. 시민들은 익숙한 발걸음 속에서 그들을 기억하고 아파한다. 언제나 그 자리를 지키는 풍남문과 분향소 사이에 서면 무겁고 불편할지라도 기억을 통해 과거의 아픔을 답습하지 않아야만 하는 이유가 선명해지고, 우리가 겪어내야 할 진통임이 증명된다.

풍남문
주소: 전북 전주시 완산구 풍남문3길 1 풍남문

또 다른 전주 여행_추가 탐방지 1 **전주 남부시장**

전주에서 동학농민운동의 발자취를 좇는 과정은 사실상 끝이 났지만 추가 탐방지로 남부시장에 들렀다. 어릴 적 남부시장은 밥을 먹으러 나온 사람과 장을 보는 사람이 한데 어우러져 북적이던 큰 시장이었다. 그러나 이번 여행에서 마주한 남부시장은 작아져 있었다. 과일이나 야채를 팔던 가게들은 문을 다 열지 못했고, 찾는 사람들도 현저히 줄었다. 그나마 아직 사람들이 모이는 곳이 있었는데 그중 한 곳이 바로 '한국닭집'이다. 남부시장을 찾을 때면 늘 들르던 곳인데 이상하게도 한국닭집에서 닭을 먹은 기억이 없다. 내가 이곳을 들르는 이유는 깨찰도너츠였다. 전국적으로 유명한 '성심당'이나 '이성당' 근처에 살아 빵 꽤나 먹어본 나에게 도너츠 중 최고를 뽑으라고 하면 단연 한국닭집을 추천한다. 늘 그렇듯 깨찰도너츠 묶음을 손에 들고 다음 목적지인 청년몰로 발걸음을 옮겼다.

　남부시장은 우리나라에서 처음 청년몰을 선보인 곳이다. 청년 상인과 예술가들을 입주시켜 노인층에 머무르던 시장 고객층을 확대한다는 점에서 숱한 화제를 낳았다. 무엇보다 신선했던 것은 기존의 상인들과 아예 다른 품목을 취급하기 때문에 경쟁이나 갈등 없이 조화가 가능하다는 점이다. 또한 젊은 감성에 발맞춘 음식점들이 있어 들어가 보고 싶게 만드는 매력도 있었다. 강원도 원주시에 있는 원주미로시장 청년몰과 비교하면 규모가 작고 품목도 적지만, 식사가 가능한 가게들이 있기 때문에 식사와 볼거리를 모두 즐길 수 있다.

남부시장
https://blog.naver.com/jjnambumarket
주소: 전북 전주시 완산구 풍남문1길 19-3
전화번호: 063-284-1344
영업시간: 오전 09:30~오후 10:00 (점포별 상이)

우리나라에서 처음 청년몰을 선보인 남부시장의 청년몰이다.

콘셉트에 맞게 인테리어 된 청년몰의 한 식당.

남부시장 청년몰

https://www.facebook.com/2Fchungnyunmall
주소: 전북 전주시 완산구 풍남문2길 53
전화번호: 063-288-1344
영업시간: 오전 11:00~오후 12:00 (점포별 상이)

또 다른 전주 여행_추가 탐방지 2
한국 도로공사 전주 수목원

고속도로 건설로 훼손된 자연환경을 복구하기 위해 다양한 식물을 생산하고 공급한다. 또한 고속도로를 이용하는 고객과 지역주민들에게 수목원 문화체험의 현장을 제공한다.

한국 도로공사 전주 수목원

https://www.ex.co.kr/arboretum
주소: 전북 전주시 덕진구 번영로 462-45
전화번호: 063-714-7200

운영시간: (9월 16일~3월 14일) 오전 09:00~오후 06:00

(3월 15일~ 9월 15일) 오전 09:00~오후 07:00

휴무일: 월요일, 설날·추석 당일

입장료: 무료

또 다른 전주 여행_추가 탐방지 3
오성한옥마을: BTS 썸머패키지 촬영지

아원고택과 한옥카페가 모여 있는 완주의 한옥마을로 주변에 서방산, 위봉산, 종남산 등 울창한 산림과 계곡, 호수가 있어 자연생태 경관이 뛰어나다. 높낮이가 있는 지형의 형태에 맞춰 지어진 전통한옥과 토석담장, 골목길 등 전통한옥의 품격을 느낄 수 있다. 또 태조 이성계의 어진을 모시던 '위봉산성'과 '위봉사'가 근처에 있다.

오성한옥마을: BTS 썸머패키지 촬영지

주소: 전북 완주군 소양면 대흥리

전주 한옥마을을 중심으로 전주를 여행할 경우 주차 문제가 발생하기 쉽다. 한옥마을 공영주차장이 있지만 주말이나 사람이 붐빌 때는 줄이 길어 기다리는 일이 빈번하다. 차라리 숙소나 다른 주차장에 주차 후 대중교통 및 택시로 이동하는 것이 편하다. 대중교통이 잘 되어 있고, 한옥마을과 남부시장, 풍남문, 객사 모두 가까운 위치에 있어 주변 장소는 도보를 이용하여 이동이 가능하다. 수도권보다 택시비가 저렴하고 대부분 거리가 멀지 않아 택시 이용도 추천한다.

숙소는 한옥 숙소와 호텔 두 종류가 있다. 한옥의 경우 기존 한옥 건물을 이용한 탓에 방음 문제나 노후화된 시설 부분은 감안해야 한다. 한옥 숙소는 전동성당 뒤 성심여자고등학교 뒤편부터 전주천을 따라 밀집되어 있다.

전주 추천 음식점

왱이집
주소: 전북 전주시 완산구 동문길 88
전화번호: 063-287-6980
영업시간: 24시간
휴무일: 연중무휴
단일 메뉴 : 콩나물 국밥 7,000원

한국닭집
http://www.koreachicken.kr
주소: 전북 전주시 완산구 풍남문 2길 63
전화번호: 063-231-1722 / 010-9603-9898
영업시간: 오전 08:00~오후 9:00
추천메뉴: 깨찰도너츠 10개 5,000원

조점례남문피순대
주소: 전북 전수기 완산구 전동3가 2-198
전화번호: 063-232-5006
영업시간: 24시간
휴무일: 연중무휴
추천 메뉴: 숙대국밥 7,000원 / 피순대 12,000원,17,000원

길거리야
주소: 전북 전주시 완산구 경기전길 124
전화번호: 063-229-3735
영업시간: 평일 오전 09:30~오후 08:00 / 주말 09:30~오후 09:00
재료소진 시 마감
휴무일: 연중무휴
단일 메뉴: 바게트 버거 4,000원

남노갈비 본점
http://www.namno.co.kr
주소: 전북 전주시 완산구 한지길 24
전화번호: 063-288-3525
영업시간: 오전 11:00~오후 10:00
휴무일: 넷째주 수요일
단일 메뉴: 남노물갈비 11,000원

남원논두렁추어탕
주소: 전북 전주시 완산구 백제대로 313
전화번호: 063-223-0009
영업시간: 오전 09:30~오후 09:00
단일 메뉴: 추어탕 9,000원

정읍과 전주 여행을 서울에서 마무리하다

여행을 모두 끝내고 종로에 있는 천도교 중앙대교당에 들렀다. 천도교 중앙대교당은 동학을 현대에 잇는 곳이면서 독립선언서를 배포한 곳이기도 하다. 겉모습은 여느 종교 건물과 별 차이가 없어 보이지만, 이곳은 일반적인 종교 시설과 다르게 대중과 가깝다. 정치집회, 예술 공연, 강연회를 비롯하여 연회까지 다양한 활동을 할 수 있는 열린 공간으로 쓰이기 때문이다. 모든 사람은 한울님 같이 존엄하다는 것을 반영한 듯 종교적으로 신성한 역할을 다하면서도 친근하게 자리를 내려놓는 모습이었다.

천도교는 동학농민운동 이래로 계속 탄압을 받았다. 특히 일본의

종로 한 가운데에서 만나는 독립운동의 흔적

국교인 국가신도만을 장려하고 천도교, 불교, 기독교 등 기존 종교는 통제하던 총독부는 천도교를 단순한 종교 세력이 아니라 정치세력으로 바라봤다. 이러한 배경에서 천도교 중앙대교당은 현충시설이기도 하다. 1918년 건설을 추진할 당시 중앙대교당 건축비의 일부를 독립운동 자금으로 지원했기 때문이다.

천도교는 임시정부 운영에 필요한 자금을 지원하고 심지어 타교단인 기독교 지도자에게도 성금을 보내는 등 3.1운동에 큰 비중을 차지했다. 또 중앙대교당은 당시에 보기 드문 바로크 양식의 고풍스

천교도 중앙대교당 외관

러운 외관인 반면, 내부는 기둥을 세우지 않고 공간을 확장하여 3,000여 명을 수용하도록 설계하였다. 때문에 광복 이후인 1920~30년에도 중앙대교당은 다양한 집회를 여는 장소로 사용되며 대중과 역사를 함께했다. 즉, 천도교는 동학농민운동뿐만 아니라 근현대사 민주주의의 깊숙한 곳까지 이어져 있는 것이다.

천도교중앙대교당
주소: 서울시 종로구 경운동 삼일대로 457
전화번호: 02-732-3956

이 여행을 하기 전 나에게 동학농민운동은 한국사 교과서 200쪽쯤 나오는 하나의 사건 정도였다. 교과서에 기록된 대로 최제우와 전봉준이 등장하고 보국안민輔國安民과 광제창생廣濟蒼生을 내세우는 자

박홍규의 후천개벽도

들이 탐관오리와 외세를 향해 봉기했지만 실패한 사건이라고 생각해
왔다.

　그러나 이제 동학농민운동은 실패에 집중해야 할 사건이 아님을
알게 되었다. 우리 근대사의 큰 틀에서 살펴보면, 동학농민운동은 사
회개혁과 항일운동, 의병 활동 등 민족운동의 조직적, 이념적 근원이
다. 더 나아가 현대 민주화 운동들의 근본이 되어 그 정신이 이어져왔
다. 이 땅의 민중에게 정신적 이정표가 되었고 앞으로도 그럴 것이다.
그렇기에 동학농민운동은 실패로 끝났다고 평가하기 어려운 것이다.
마지막으로 박홍규의 후천개벽도를 떠올리며 동학농민운동을 따라
걸은 여행기를 마무리한다.

김홍주_디지털문화콘텐츠학과

어쩌다 보니 하고 싶은 것들을 대부분 이뤄왔다. 급하고 직선적인 성격임에도 인
복이 있는지 좋은 사람들이 곁에 있다. 아마도 나는 운이 좋은 사람인 것 같다.

제3부

제주도

삶터, 오늘을 기록하고 기억하다

제주도, 아픔을 딛고
빛으로 나아가다

아름답게 빛나는 섬 제주도. 누구나 가고 싶은 관광지가 된 지금도 제주도는 여전히 아프다. 일제강점기 항일 운동과 제주4.3사건의 아픔이 아직도 곳곳에 서려 있어서다. 하지만 제주도는 아픈 과거를 딛고 앞으로 나아가고자 노력하고 있다. 과거를 기억하고 다음 세대에게 일러주며 역사를 계속 써 내려가기를 응원하고 있다.

아픈 역사가 반복되지 않기 위해 역사를 기록하고 기억하는 것은 너무나 중요하다. 힘들어도 보려고, 기억하려고 노력해야 한다. 이 글에서는 역사를 기억하고자 하는 제주도민들의 다정한 마음이 담긴 중요한 장소들을 소개하고자 한다.

독립을 향해 뜨거웠던 제주도 **제주항일기념관**

제주도는 항전의 역사가 꽤 길다. 백제와 고려, 일본까지. 하지만 그 역사로 인해 불의를 보고 참지 않는 담대함을 가진 이들이 많다는 것 또한 증명되었다. 육지에서 나라의 주권을 지키기 위해 치열하게 싸우고 있을 때, 제주도 역시 고군분투하며 일본에 항거했다. 조천 만세운동, 법정사 항일운동, 해녀 항일운동은 제주도민의 기개를 보여주는 기록적인 항일운동이다.

특히 조천 만세운동은 전국적으로 일어났던 3.1만세운동을 이어받아 시작한 만세운동이다. 수많은 도민들이 조천 장터와 미밋동산(현재는 만세동산)에서 대한민국 만세를 외쳤다. 먼 미래인 지금의 미밋동산에는 그들의 함성소리를 기억하기 위한 제주 항일 기념관과 조천 만세동산 성역화공원이 조성되어 있다.

제주항일기념관은 조천 만세동산 성역화공원의 끝자락에 있다. 제주항일기념관이라는 정겨운 글씨 밑에 있는 문이 입구이다. 작은 규모의 로비를 지나면 제1전시관이 나온다. 기념관의 동선은 제1전시관

조천 3.1만세운동이 일어났던 미밋동산은 현재 조천 만세동산 성역화공원으로 조성되었다.

을 지나 제2전시관으로 갈 수 있도록 구성되어 있다. 전시는 시간의 순서대로 정리되어 있어 제주항일운동에 대해 잘 알지 못하는 관람객도 편하게 관람할 수 있다.

　전시관에서는 항일 운동을 펼쳤던 독립투사들의 흔적과 일본의 만행을 알 수 있는 유물까지 다양한 전시물을 볼 수 있다. 일본군이 사용했던 군장과 장검, 그들에게 대항한 독립군들이 사용했던 권총이나 당시 사용한 태극기도 전시되어 있다. 그리고 조천 미밋동산에서 만세를 불렀던 이들이 재판에서 받았던 판결문도 진열되어 있다. 제2전시관의 마지막에는 건국훈장인 애국장 포상자들의 훈장증과 훈장이 전시되어 있다. 이 훈장들은 물려줄 후손이 없는 분들의 것이다.

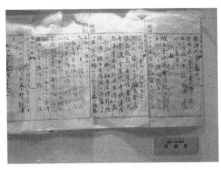
조천 3.1만세운동 재판의 판결문이 전시되어있다.

　제주항일기념관의 관람을 마치고 나오면 넓게 펼쳐진 공원이 보인다. 공원은 평화롭다. 인라인 스케이트를 타는 아이, 정자에서 졸고 있는 사람

제주항일기념관. 조천 만세동산 성역화공원에 위치한다.

들. 인근 주민에게 조천 만세동산 성역화공원이 공원으로서 역할을
충분히 해내는 모양이다. 공원으로 이어진 길을 걷다 보면 길 오른편
에 다섯 개의 비석이 보인다. 비석은 항일운동을 주도한 분들의 것이
다. 일본은 독립 운동가들의 비석을 세우지 못하게 막았다. 그들의
감시망을 피해 몰래 세워진 비석들도 찾아내 빼앗아가고 심지어는
깨뜨리기까지 했다. 이곳에 서 있는 비석들은 해방 이후 돌려받은 비
석들이다. 오랜 시간이 흐른 지금, 좋은 곳에 모셔져 있는 비석들을
보고 있자면 돌아가신 분들을 위로하고자 했던, 살아남은 이들의 소
중한 마음이 느껴지는 듯하다.

　비석을 뒤로 하고 엄청난 크기의 돌하르방을 지나면, 오른편에는
위패 봉안실과 애국선열 추모탑이 있고 왼편에는 3.1독립운동 기념탑
이 있다. 3.1독립운동 기념탑은 돌계단을 올라가면 볼 수 있는 높은
곳에 위치한다. 기념탑에는 하늘을 쳐다보면서 만세를 부르고 있는
동상이 서 있다. 그들을 받치는 이들도 태극기를 들고 만세를 부르고
있다. 지금 두 발을 딛고 서있는 곳이 과거 만세운동이 일어났던 곳이
라는 것을 떠올리면, 그들의 목소리에 땅이 울리는 것만 같다. 제주항

독립유공자 김시성의 비석(왼)과 조천 만세운동 성역화공원 내 3.1독립운동
기념탑(오)

일기념관과 조천 만세동산 성역화공원에서는 치열했던 항쟁의 역사
를 가슴으로 느낄 수 있다.

TIP 제주도의 항일운동

일제의 횡포로 한반도가 고통을 받던 시절, 제주도 역시 피해를 입었다.
탄압에 굴하지 않고 목소리를 냈던 제주도민들은 일제의 수탈과 위협에
도 적극적으로 항거했다. 제주도에는 3대 항일운동이 있는데 조천 만세
운동, 법정사 항일운동, 해녀 항일운동이다.
조천 만세운동은 당시 육지에서 일어난 3.1운동의 연장으로 시작되었으
며 4차까지 이어졌다. 수많은 민중이 조천장터와 미밋동산으로 나와 육
지에서 숨겨온 목판으로 태극기를 찍어 그것을 들고 만세를 불렀다. 법
정사 항일운동은 법정사 스님들을 중심으로 400여 명이 중문주재소를 습
격, 방화한 사건으로 3.1운동 이전 최대 규모의 항일운동으로 평가받는
다. 이 사건 이후 일본은 법정사를 불태웠다. 마지막으로 해녀항일운동이
있다. 일제는 해녀들이 수확한 수확물의 가격을 하향 책정하는 등 해녀
들의 경제권을 위협했다. 이에 해녀들은 세화리에서 대규모 시위를 진행
했다. 해녀항일운동은 1930년대 최대 항일 운동이자 최대 어민 운동, 여
성운동으로 평가받는다.

제주항일기념관

www.jeju.go.kr/hangil/index.htm

주소: 제주시 조천읍 신북로303(조천리 1156)

전화번호: 064-783-2008

운영시간: 오전 9:00~ 오후 6:00

휴무일: 1월 1일, 설날 연휴 및 추석연휴

입장료: 무료

힘겨웠던 강제 노역의 흔적 **알뜨르 비행장**

일본은 제주도를 군사전략기지로 활용했다. 많은 군사시설을 지었고 이를 위해 제주도민들의 노동력을 착취했다. 알뜨르 비행장과 정뜨르 비행장(현재 제주공항)도 그중 하나였다. 알뜨르 비행장은 일본의 자살특공대인 가미카제의 훈련장으로도 활용되던 곳이다. 해방 이후 그대로 방치되었고 현재는 광활하게 펼쳐져 있는 밭들 사이로 흉물스럽게 남아있다.

비행장으로 들어가는 길목에는 알뜨르 비행장이라고 적혀 있는 큰

알뜨르 비행장 내 격납고의 모습이다.

격납고 뒤에 위치한 알뜨르 비행장 일제 지하벙커는 언덕처럼 보이도록 흙과 풀로 위장했다.

표지판이 있어 찾기에 편리하다. 주차장에는 새를 들고 있는 소녀의 모습으로 평화를 표현한 최평곤 작가의 작품인 '파랑새'가 서 있다. 그 뒤로 보이는 콘크리트 구조물은 남제주 전투기 격납고이다. 당시에는 20기가 건설되었지만 현재 1기는 잔재만 남아있고 나머지 19기는 그대로 보존되고 있다.

주차장과 가장 가까이 있는 격납고에는 철제 비행기 모형이 있다. 모형에는 방문객들이 달아놓은 리본이 가득하다. 격납고 내부를 살펴보면 두꺼운 콘크리트로 되어있다. 당시 공사를 위해 사용했던 거푸집의 흔적도 볼 수 있는데, 이를 통해 공사에 강제 동원되었던 제주도민들의 고통을 짐작할 수 있다.

알뜨르 비행장 곳곳에는 다크투어리즘 표지판이 있다. 표지판에 그려져 있는 코스를 따라 격납고 뒤편으로 걸어가면 콘크리트 구조물만 앙상하게 남아있는 관제탑이 나온다. 관제탑 오른편에는 큰 언덕이 하나 있다. 사실 이곳은 언덕으로 위장한 제주 모슬포 알뜨르 비행장 일제 지하벙커이다. 과거 비행대의 지휘소 또는 통신시설로 사용했을 것이라 추측된다. 이 벙커는 남북방향으로 길이 약 30미터 너비 7미터에 2층까지 갖춰져 있는 꽤 넓은 규모의 지하벙커이다.

벙커 입구에는 입구라고 쓰인 작은 표지판과 설명이 적혀있는 표지판, 역사적 배경을 만화로 설명해놓은 표지판이 있다. 그 옆에 있는 나무계단을 내려가면 두꺼운 두께의 콘크리트로 만들어진 지하벙커의 모습을 볼 수 있다. 벙커 내부에는 정찰용 천장에서 들어오는 빛 말고는 어떤 빛도 들어오지 않아 음산한 느낌이 든다. 입구의 높이가 성인여자 허리까지도 오지 않을 만큼 낮아서 들어가기 쉽지 않다. 벙커에 들어가서 입구를 바라보니 이 단단한 벙커를 짓기 위해 얼마나 많은 제주도민들이 고통을 받았을지 상상이 된다. 땅을 파내고 콘크리트를 부으며 힘든 시간을 보냈을 그들을 생각하면 이 모든 시설물들이 없어지는 것이 마땅하겠지만 그래도 그들을 기억할 수 있는 곳들이 남아있어 다행이라는 생각이 든다.

알뜨르 비행장 일제 지하벙커로 내려가는 입구 주위에는 풀이 무성하다.

알뜨르 비행장은 제주도 다크투어리즘 코스로 유명한 곳으로, 곳곳에 다 크투어리즘 표지판이 세워져 있다. 송악산 해안 일제 동굴진지, 섯알오름 일제 고사포진지, 섯알오름 일제 동굴진지, 그리고 알뜨르 비행장과 모슬 포 알뜨르 비행장 일제 지하벙커까지 제주도 항일의 역사를 볼 수 있는 유적지들의 위치와 제주 올레길 10 코스가 굉장히 비슷하다. 걷기여행을 즐기는 이들이라면 올레길 10코스를 걸으며 제주도의 과거를 거슬러 올 라가보는 것도 좋을 듯하다.

알뜨르 비행장
주소: 서귀포시 대정읍 상모리 1618(도로명주소 없음)
전화번호: 없음
운영시간: 없음
휴무일: 없음
입장료: 없음

제주4.3사건을 넘어 평화를 기약하다 **제주4.3평화공원**

누구도 이야기할 수 없는 일이 있었다. 그 일을 당한 사람들을 위해 눈물을 흘릴 수도 없었다. 3만 명이 넘는 제주도민이 희생되었고 살아 남은 이들의 가슴에는 큰 돌덩이 같은 슬픔이 가득 찼다. 모든 일의 시작은 제주4.3사건이었다. 이 사건은 흔히 광기의 역사라고 불리기 도 한다. 제주도의 일부 지역이 아닌 섬 전역에서 벌어진 대학살극이 었기 때문이다. 해방이 되자마자 찾아온 현대사의 비극은 제주도민을 죽음에 이르게 했다. 그리고 이제 깊고 어두운 터널을 지나 소리 내어 말하고 기억할 수 있게 되었다.

제주4.3평화공원은 이를 기리기 위해 조성된 공원이다. 기념관을 지나 대문을 상징하는 문주를 지나면 공원의 모습이 한눈에 들어온다. 인위적이지 않은 공원의 조경에서 어딘가 자유로움이 느껴진다. 살랑거리며 흔들리는 수풀을 지나 계단을 올라가면 위령탑이 나온다. 위령탑의 연못은 각 마을의 정화수로 조성되어 있다. 가운데에 포옹하고 있는 두 사람을 표현한 조형물은 가해자와 피해자를 상징하며 화해와 상생의 어울림을 표현했다.

위령탑은 수많은 비석으로 둘러싸여 있는데, 이는 희생자들의 이름이 하나하나 적힌 각명비이다. 각명비는 마을 별로 적혀 있고 성명, 성별, 당시 연령, 사망일시, 사망 장소가 기록되어 있다. 자세히 살펴보면 이름 없이 ooo의 자라고 새겨진 이들이 꽤 많다. 이들은 제주4.3 사건에 희생된 아이들이다. 이름을 얻기도 전에 죽임을 당해야 했다는 사실이 참으로 비통하다.

매년 4월 3일에 추념식이 진행되는 위령제단과 위령광장은 언제든 유족과 방문객이 와서 희생자들을 위해 묵념하고 헌화할 수 있는 공간이다. 공원 앞바다를 바라보고 있는 위패 봉안실에는 희생자들의 위패가 모셔져 있다. 마을 별로 정리해두어 유족들이나 방문객들이

위령탑에는 제주4.3사건의 화해와 상생의 어울림을 표현했다.

사진 10 위패봉안실에는 희생자들의 위패가 모셔져 있다.

찾기가 쉽다. 모셔져 있는 위패의 수가 얼마나 많은지 높은 천장부터 바닥까지 빼곡하다. 셀 수 없이 많은 이름들을 보며 저절로 고개가 숙여진다. 방문객들이 적을 방명록도 준비되어 있다.

이 외에도 제주4.3사건 당시 시신을 찾지 못한 사람들의 비석이 모여 있는 행방불명인 표석, 발굴된 희생자들의 유해를 모신 봉안관, 1949년 1월 초토화 작전에서 희생된 이를 위로하기 위한 조형물까지 제주4.3사건을 기억하고자 하는 이들의 마음이 차곡차곡 쌓여있다.

제주4.3평화공원

https://jeju43peace.or.kr
주소: 제주시 명림로 430(제주시 봉개동237-2
전화번호: 064-723-4301~2, 4344
운영시간: 없음
휴무일: 없음
입장료: 무료

제주4.3사건의 시작 그리고 미래 **제주4.3평화기념관**

"어둠에서 빛으로" 제주4.3평화기념관 안내데스크 뒤편의 큰 액자에 적혀 있는 말이다. 제주도는 오랫동안 어둠에 머물러 있었다. 4.3사건에 대해 말하는 것조차 금지되었고 어떠한 진실도 밝힐 수 없었다. 암흑 같았던 시간이 지나고 2000년 이후 드디어 빛을 향한 전진이 시작되었다. 그 노력이 제주4.3평화기념관으로 결실을 맺은 셈이다.

평화기념관 1층은 다양한 전시를 통해 4.3사건을 설명하고 있는 전시관이다. 1전시관 '역사의 동굴'은 제주도민들이 숨어있던 동굴을 재현해놓았다. 동굴의 끝에는 4.3사건의 완전한 규명을 소망하며 만들어진 백비白碑가 누워있다. 2전시관 '흔들리는 섬'으로 넘어가면 제주도의 역사를 담은 전시가 본격적으로 시작된다. 전시는 일제강점기 시절의 제주도부터 시작해 4.3사건으로 이어지는 과정을 상세히 설명하고 있다. 당시 상황을 알 수 있는 일본군 작전지도, 일본의 항복문서, 제주도 인민위원회 직인 등을 볼 수 있다.

3전시관 '바람타는 섬'은 4.3사건 당일인 1948년 4월 3일 새벽에 일어났던 무장봉기와 그 이후에 일어났던 초토화 작전에 대해 전시를 하고 있다. 특히 보라색 하늘 밑 오름이 붉은 횃불로 덮이는 장면을 표현한 애니메이션을 보면 그 새벽, 어둠을 뚫고 전진하는 무장대의 모습과 이후 학살이 동시에 떠오르면서 복잡한 감정이 느껴진다.

3전시관과 4전시관 사이 특별 전시관 '다랑쉬굴'이 있다. 토벌대가 민간인 열한 명을 질식사시킨 다랑쉬굴의 처음 모습을 그대로 재현한 곳이다. 희생자들의 처절한 죽음의 순간이 고스란히 느껴져 가슴이 저릿하다. 4전시관 '불타는 섬'은 제목 그대로 제주도 전역에서 일어난 학살을 다룬다. 이 시기 제주도는 전역이 피로 물들었다. 제주도민을 끔찍하게 괴롭혔던 서북청년단의 만행과 제주도민의 피난생활, 희

제주4.3평화기념관은 4.3사건의 역사를 담는 그릇의 형태를 차용했다.

생자 현황을 알 수 있는 현황판 등이 이를 증명한다.

4전시관에서는 학살의 참혹함에 대해 낱낱이 알 수 있다. 인상적인 것은 4.3사건 희생자 현황판의 숫자를 수정할 수 있게 만든 점이다. 희생자가 추가로 확인되면 언제든 숫자를 바꿔야하기 때문이다. 이는 아직까지도 4.3사건이 끝나지 않았음을 보여준다. 5전시관 '평화의 섬'은 4.3사건 이후 진상규명운동과 그에 따른 진상보고서, 대통령의 사과 등 사건 이후에 대한 정보들이 전시되어 있다.

어두운 터널로 시작된 1전시관에서 진상 규명의 노력이 담긴 5전시관까지 관람을 마치면, 마지막 6전시관 '새로운 시작'이 기다리고 있다. 6전시관은 모든 전시의 에필로그로 희생자들의 사진이 벽면과 천장에 빼곡히 전시되어 있다. 사진 속 희생자들이 사진을 찍었던 그 나이에 멈춰있다고 생각하면 마음이 아려온다. 그래도 그들을 볼 수 있고, 기억할 수 있다는 것에 조금 위안을 얻는다.

전시관 2층은 기획전시관으로 4.3사건뿐만 아니라 노근리사건, 5.18

민주화운동까지 대한민국의 아픈 역사들에 대한 기획전시를 하고 있다. 기획전시 관련 정보는 제주4.3평화재단 홈페이지에서 확인할 수 있다. 또한 기념관에는 4.3사건에 대해 깊이 공부한 해설사가 상주한다. 해설사는 기념관 입구에 앉아있으므로 궁금한 점이 있으면 물어볼 수 있다. 기념관 밖에는 베를린 장벽의 일부가 전시되어 있다. 평화를 소망하는 이곳에 베를린 장벽이 전시되어 있다는 것은 매우 큰 의미를 가진다. 실제로 베를린 장벽을 보는 일이 흔하지 않으니 기회가 된다면 관람하는 것도 좋은 경험이 될 것이다.

TIP 제주4.3사건

제주4.3사건의 시발점은 1947년 3월 1일 발포사건이다. 3.1 정신 계승과 자주독립을 위해 제주 북 국민학교에 3만여 명의 군중이 집결한 평화 가두시위가 있었다. 그러던 중 관덕정 부근에서 기마경찰의 말발굽에 어린아이가 다친다. 군중들은 다친 아이를 그대로 두고 간 기마경찰을 향해 돌을 던지며 항의했다. 경찰서로 돌아가는 기마경찰 뒤로 군중들이 항의하며 쫓아오자 무장경찰은 폭동으로 오인하여 총을 쏘았고, 주민 여섯 명이 희생되었다. 이에 주민들은 진상규명과 발포 경찰 책임규명에 대한 책임자 처벌을 요구한다. 하지만 경찰서는 주민을 향해 기관총을 세우며 발포할 태세를 했고, 이를 본 제주신보 기자들이 중재에 나섰다.

발포 사건을 들은 중앙경무부장 조병옥은 "사상이 불온하고 건국에 저해된다면 싹 쓸어버릴 수도 있다"라고 연설을 했다. 결국 1947년 3월 10일을 시작으로 민관 합동 총파업이 시작되었으며 미군정에서는 응원경찰을 파견했다. 민관 합동 총파업은 학생들의 동맹휴학에서 시작되어 제주도청과 제주읍사무소, 민간 점포를 제외한 166개 기관 단체 4만 1,211명이 참여했을 정도로 굉장히 큰 파업이었다.

1948년 4월 3일 새벽 2시, 남로당 제주도당의 주도 아래 경찰과 서청의 탄압 중지, 단독선거와 단독정부 반대, 통일정부 수립 촉구를 하며 무장 봉기를 일으켰다. 이를 토벌하려고 정부에서 군대를 투입하려고 했지만, 김익렬 연대장은 "제주도 내에 있는 경찰과 주민들 사이 마찰로 인해 벌어진 사건이므로 군대가 동원되는 것은 적절치 않다 평화적으로 해결하자"라며 무장대 총책임자였던 김달삼이 만나 4.28 평화협상을 한다. 하지만 평화협상은 결렬되며, 5월 1일 우익 청년 단원에 의해서 '오라리 방화사건'이 발생한다.

1948년 5월 5일 제주도 사태 관련 회의가 개최된다. 그 자리에 미군정장 관, 조병옥 경무부장, 제주도지사, 김익렬 연대장 등이 모였다. 결과적으로 김익렬 연대장이 해임되었고 후임으로 박진경 연대장이 오게 된다. 이후 남한 단독정부가 수립되었다. 이승만 정권은 제주도에서 제대로 선거가 이루어지지 않자 정부에 반하는 행동이라 받아들여 대대적인 토벌에 들어갔다. 1948년 10월 17일 초토화 작전이 시작되었는데 이것을 금족령이라 했다. 이는 해안선으로부터 5킬로미터 이외의 지점 및 산악지대 무허가 통행금지에 들어간 자는 이유 불문하고 폭도로 간주하며 총살한다는 내용이다. 7년이 넘게 자행된 제주4.3사건은 1954년 한라산 금족령이 해제되면서 끝났지만 그 영향은 대단했다. 많은 사람이 희생되었고, 살아남은 주민들은 반공체제 안에서 생존을 위해 노력해야 했다. 2000년 1월 12일이 되어서야 제주4.3사건 진상규명과 희생자 명예회복에 관한 특별법이 제정되었다.

제주4.3평화기념관
https://jeju43peace.or.kr
주소: 제주시 명림로 430(제주시 봉개동237-2)
전화번호: 064-723-4301~2, 4344
운영시간: 오전 9:00~오후 5:30(입장마감시간 오후 4:30까지)
휴무일: 매월 첫째, 셋째 월요일
입장료: 무료

동족 학살의 아픔을 기억하다(1) **너븐숭이4.3기념관**

북촌리는 제주도에서 사라진 마을이다. 북촌리 학살 사건 때 군인이 학살한 주민들의 수가 400명이 넘었다. 모두 같은 날 같은 시간에 일어난 일이었다. 군인들은 희생자들을 북촌초등학교와 주변 들, 밭

북촌리 대학살 터였던 너븐숭이에 이제는 너븐숭이 4.3기념관이 세워졌다.

에서 학살했는데 그중 너븐숭이는 가장 많은 희생자가 학살되었던 곳이었다. 이제 너븐숭이에는 그 날을 기억하기 위한 기념관이 세워졌다. 바로 너븐숭이4.3기념관이다. 기념관에서는 북촌리 학살 사건의 위령제가 매년 음력 12월 19일에 열리고 있다. 기념관은 '탐구관(시청각실)'과 '너븐숭이의 기억(전시관)' 총 두 개의 공간으로 이루어져 있다. 탐구관에서는 북촌리 학살 사건의 배경과 과정, 후속조치에 대한 영상을 상영한다. 북촌리 학살 사건에 대한 배경 지식이 없더라도 영상을 통해 쉽게 이해할 수 있다. 옆에 있는 전시관인 너븐숭이의 기억으로 들어가면 희생자들의 넋을 위로하는 공간이 나온다. 검은 천에 하얀 글씨로 희생자들의 이름이 빼곡히 적혀 있고 그 가운데에는 꺼지지 않는 촛불이 있다. 전시관에는 영상의 내용들이 글로 정리되어 있다.

　기념관 밖으로 나오면 건물 왼편에 희생자들을 위로하고 기억하기 위한 제주4.3희생자 북촌리 원혼위령비와 희생자 각명비가 있다. 그리고 기념관 바로 정면에는 애기무덤이 있다. 애기 무덤은 북촌리

검은 천에 하얀 글씨로 희생자들의 이름이 적혀 있고 꺼지지 않는 촛불이 있다.

학살 사건 당시 사망한 어린아이들의 시신을 임시로 매장했던 곳으로, 이들의 시신은 아직까지 다른 곳으로 옮겨지지 못했다. 북촌리 학살 사건은 1949년 북촌리에서 군인 두 명이 무장대에게 살해당하자 그 보복으로 북촌리 주민 400여 명을 인근 들, 밭에서 학살한 사건이다.

애기무덤에는 20구 이상의 시신이 묻혀있다. 무덤이라고 불리지만 무덤의 형체를 갖추고 있지는 않다. 풀밭에 현무암으로 동그랗게 모양을 만들어 놓았을 뿐이다. 풀 위에는 아이들을 위한 인형과 과자가 있다. 과자를 맘껏 먹어보지도, 장난감으로 실컷 놀아보지도 못하고 목숨을 잃었을 아이들을 생각하니 가슴이 쓰리다.

애기무덤을 지나 돌길을 걸어가면 옴팡밭이 나온다. 옴팡밭은 오목하게 쏙 들어가 있는 밭이라는 뜻으로, 학살 당시 시신이 무를 뽑아놓은 듯 널려있었다고 전해지는 곳이다. 그때의 옴팡밭을 상상하고 싶지 않게 만드는 설명이다. 하지만 그 과거를 잊어서는 안 되므로 이곳에 시신 대신에 비석을 널어놓았다. 비석에는 북촌리 학살 사건이 알

너븐숭이 4.3기념관 앞에는 북촌리 학살 사건 당시 희생된 어린아이들의 무덤이 있다.

려지는 데 중요한 역할을 한 현기영 작가의 『순이삼촌』 대목이 새겨져 있다. 그래서 비석들을 '순이삼촌 비'라고 부른다.

애기무덤 뒤편 옴팡밭에는 '순이삼촌 비'가 널려있다.

너븐숭이4.3기념관에도 제주4.3평화기념관처럼 해설사가 상주하고 있다. 아직도 해결되지 않은 북촌리 학살 사건에 대해 자세히 알고 싶다면 '제주4.3사건 해설사'라고 적힌 목걸이를 걸고 앉아 있는 해설사를 찾아가면 된다.

너븐숭이 4.3기념관

주소: 제주시 조천읍 북촌3길 3(제주시 북촌리 1599)
전화번호: 064-783-4303
운영시간: 09:00~18:00
휴무일: 매월 둘째, 넷째 일요일, 설·추석 전후 3일
입장료: 무료

동족 학살의 아픔을 기억하다(2) 섯알오름

　제주도에는 아무런 이유 없이 타인에 의해 생을 마감하게 된 억울한 사연이 많다. 일본의 만행을 시작으로 제주4.3사건, 한국전쟁 당시 예비검속까지. 너무도 많은 사람이 이해할 수 없는 이유로 죽임을 당했지만 많이 알려지지도 않았다. 일제강점기 당시 섯알오름은 일제의 탄약고로 사용되었다. 이 탄약고는 일제가 항복하면서 미군에 의해 폭파되어 큰 구덩이가 되었고 한국전쟁 당시 예비검속의 학살터가 되고 말았다. 알뜨르 비행장 오른편에 있는 길을 따라가면 '추모의 길'이라고 적혀 있는 계단이 나온다. 계단을 올라가면 희생자의 유족들이 만든 섯알오름 예비검속 희생자 추모비가 있고 그 앞에는 석판 위에 네 개의 고무신이 가지런히 놓여있다. 희생자들에게 올리는 향 초함 옆 촛대에는 "막걸리를 올리지 말아 주세요"라는 글귀가 있다. 더운 여름 날씨에 막걸리를 부어 놓으면 벌레가 생기기 때문이다. 많은 이들이 이곳에 술을 부어 놓는 모양이다. 술이라도 한 잔 올리고 싶은 유족들과 방문객들의 비통한 마음이 느껴지는 듯하다.

섯알오름으로 가는 길에는 섯알오름 예비검속 희생자 추모비가 세워져 있다.

제주4.3사건 이후 1950년 한국전쟁이 발발했고 제주도에서는 예비검속이
이뤄졌다. 예비검속이란 한국전쟁 중 북한군에 협력할 수 있는 가능성을
가진 자들을 미리 걸러낸다는 명분으로 자행된 학살이었다. 제주도에서
는 1,000명이 넘는 희생자가 발생했다. 그중 섯알오름은 예비검속의 흔적
이 남아있는 유일한 학살터로 200여명이 희생되었다. 학살 이후 정부의
저지로 인해 시신이 바로 수습되지 못했고 시간이 흐른 뒤 1차로 61구를
수습했다. 2차로 수습된 132구는 뼈가 엉겨 붙어 하나가 되었고 시신의
주인을 찾을 수 없었다. 그리하여 유족들은 함께 부지를 매입하여 이 시
신들을 같이 안장했고 백조일손지지라고 이름을 지었다. 아직도 이곳에
는 수습되지 못한 시신이 남아있을 것으로 추정하고 발굴하기 위해 노력
하고 있다.

　섯알오름은 가운데 있는 호를 어느 방향에서나 볼 수 있도록 오
름을 빙 두르고 있는 나무길이 만들어져 있다. 차분히 길을 따라가
다 보면 이곳에서 억울하게 죽어간 수많은 목숨에 대해 깊은 생각
을 하게 된다. 아무런 이유 없이 이곳에 끌려와 비참하게 목숨을

한국전쟁 예비검속 당시 희생자의 시신은 섯알오름 내 호에 던져졌다.

잃고 호 안으로 떨어지기까지 해야 했던 이들의 마음을 누가 위로할 수 있을까. 섯알오름은 평지보다 조금 높은 오름이기 때문에 고개를 들어 앞을 바라보면 넓게 펼쳐져 있는 바다가 보인다. 차분하고도 평화로운 바다 풍경이 섯알오름의 모습과 합쳐져 서글프게만 느껴진다.

섯알오름
주소: 서귀포시 대정읍 상모리 1618(도로명주소 없음)
전화번호: 없음
운영시간: 없음
휴무일: 없음
입장료: 없음

평생 무명천과 함께였던 그녀의 삶 **진아영 할머니 삶터**

삶을 살아가다 보면 우리 몸의 어디든지 흔적이 남겨지기 마련이다. 그네를 타다 떨어져 무릎에 흉터가 남기도 하고 뜨거운 물에 데어 화상 흉터가 생기기도 한다. 몸의 흔적들은 자신이 살아온 날들을 보여주는 증거가 된다. 진아영 할머니의 몸에는 제주4.3사건의 흔적이 너무나도 크게 남았다. 어렸을 적 할머니는 무장대로 오인한 경찰이 쏜 총알에 맞았고 적절한 치료를 받지 못해 턱의 일부분이 없는 채로 평생을 살아가야 했다. 할머니는 본인의 턱을 가리기 위해 무명천을 길게 잘랐다. 잘라낸 천으로 턱부터 머리까지 감쌌다. 할머니의 턱을 실제로 본 이들은 극히 드물었다. 할머니는 음식을 제대로 씹지 못해 늘 위장장애와 영양실조를 달고 살아야 했다.

할머니가 세상에 알려진 건 1998년 〈무명천 할머니〉라는 제목으로 다큐멘터리 영화가 만들어지면서이다. 이후 무명천 할머니로 불리게

무명천 할머니로 불린 진아영 할머니의 집은 초록색 지붕이 소담스럽게 느껴진다.

되었다. 할머니의 삶은 제주4.3사건의 살아있는 흔적이자 증거였다. 집 주변 곳곳에는 선인장 군락이 있다. 앞 벽에는 '무명천 할머니 길' 이라고 크게 적혀있고 보라색 배경에 해녀가 그려져 있어 찾기가 편하다.

할머니의 집은 아주 조그만 초록색 지붕의 집이다. 제주도 전통 대문인 정낭의 나무 하나를 내리고 들어간 집은 매우 작았다. 관리자가 있지만 상주하지 않는다. 정낭의 나무가 세 개 다 올라가 있어도 당황하지 말고 나무를 내리고 집으로 들어가면 된다. 할머니의 집에서 물건을 가져오는 것은 절대 불가하다.

안으로 들어가면 왼편에는 할

무명천 할머니로 불린 진아영 할머니의 집 밖에도 할머니의 이름이 여기저기 새겨져 있다.

무명천 할머니로 불린 진아영 할머니의 삶이 할머니의 집에 그대로 보존되고 있다.

머니의 사진이 있고 그 앞에는 할머니를 위한 작은 상이 차려져 있다. 할머니의 삶을 담은 동화책과 방명록까지, 오롯이 할머니만을 기억할 수 있는 공간이다. 집 안의 모든 물건들은 정갈하게 정리되어 있다. 전해 듣기로는 할머니를 추모하기 위해 온 방문객들이 수시로 집안을 청소한다고 했다. 방문객들의 따뜻한 마음에 잔잔한 감동이 느껴진다.

집 안의 물건들은 할머니가 지금이라도 방에서 걸어 나오실 것처럼 느껴질 만큼 모든 것이 제자리에 그대로 놓여있다. 할머니가 쓰시던 목발, 냄비, 국자 심지어는 개봉되지 않은 콜라까지. 안쪽에 있는 방 안에는 달력과 이부자리도 그 자리를 지키고 있다. 집 앞 표지판에 "작은 그릇, 돌멩이 하나라도 옛 모습을 유지하고자 합니다"라고 적혀있는 글처럼 할머니의 삶이 그곳에 그대로 보존되고 있다.

집 밖으로 나와 집의 외부를 살펴보면 곳곳에 이곳을 만든 이들의 할머니를 향한 애정이 담겨있다. "내 이름은 진아영"이라고 적혀 있는 작은 크기의 표지판이 잘 보이는 곳에 여러 개 붙어 있고, 돌담에 있는 돌에는 흰색 글씨로 무명천 할머니라고 씌어있다. 또 벽 중앙에는 귀여운 작은 새가 새겨져 있다. 이곳이 할머니의 집이라는 것을 작은 목소리로 속삭이는 것 같다. 할머니의 삶은 너무나 힘겨웠지만 이제 할머니의 집을 지키는 이들은 다정한 마음을 지닌 사람들이기에 조금은 마음이 놓인다.

진아영 할머니 삶터 주변은 한적한 주택가로 주차장이 따로 마련되어있지 않다. 그렇기에 자차를 이용한다면 할머니의 집 가까이에 있는 월령리 사무소에 차를 대고 표지판을 따라 걸어가면 된다.
월령리 사무소 주소: 제주 제주시 한림읍 월령1길 11

진아영 할머니 삶터
http://43moomyungchun.kr
주소: 제주시 한림읍 월령리 380번지(도로명주소 없음)
전화번호: 064-722-2701
운영시간: 없음
휴무일: 없음
입장료: 무료

삶과 죽음이 공존했던 동굴 **목시물굴**

4.3사건 당시 제주도민에게 굴은 삶과 죽음을 공유하는 곳이었다. 목시물굴은 선흘리 마을 사람들이 토벌대를 피해서 숨어 지냈던 동굴이다. 선흘리 마을은 1948년 11월 21일부터 소개疏開가 시작되었다. 소개가 시작되자 일부 주민들은 함덕과 북촌의 해안 마을로 내려갔지만 여전히 많은 주민이 잔류하거나 괜찮아질 거라 낙관하고 있었다.

그러나 11월 25일부터 대량학살이 시작되었고 토벌대는 마을 주변을 수색하다가 마주친 노인을 추궁해 굴을 찾아낸다. 그때 발견된 굴은 도틀굴이지만 그곳에서 얼마 안 되는 곳에 목시물굴이 있었다. 목시물굴은 입구가 둘이었고 통로가 좁아 은신과 도피에 유리한 곳이었다. 토벌하는 군인들은 입구를 차단하여 그곳에 있었던 주민들을 모두 체포했다. 이곳에서 노인과 어린아이, 여성들을 포함하여 40여 명이 학살을 당했다. 주민들은 굴이 있었기에 살 수 있었지만 대부분은

주민들이 토벌대를 피해 숨어 지냈던 목시물골 입구

굴에 숨어있다 발각되어 죽음을 당했다. 그때 목시물굴에 숨어있던 어르신 한 분은 "이 안에서의 어둠이 밖에서의 어둠보다 나았다"라고 하기도 했다. 내가 목시물굴에 도착한 시간이 5시가 조금 넘은 시간이 었는데 생각보다 많이 어둡고 으슥했던 곳이었다. 게다가 차를 갖고 갔음에도 불구하고 위치를 찾기 어려웠다. 4.3 당시 주민들이 이곳에 올라올 때 얼마나 고됐을까 하는 생각이 들었다.

> **TIP** **제주도 소개疏開**
>
> 1948년 11월 중순 경부터 토벌대는 중산간마을에 대해 대규모 소개 작전을 전개했다. 주민들을 해변마을로 강제 이주시키고, 해변마을에는 주민 감시 체계를 구축함으로써 무장대의 은신처와 보급처를 없앤다는 것이 소개 작전의 개념이었다.

목시물굴
위치: 제주시 조천읍 선흘리 산 26

평화결렬의 발단 **연미마을**

　제주학살의 불을 지폈던 역사적인 장소가 바로 연미마을이다. 연미마을(해산이 마을)은 연미 마을회관에서 동남쪽에 위치한 곳으로 언제부터 사람이 살기 시작했는지는 알 수 없지만 4.3사건으로 마을이 폐허가 된 곳이다. 당시 연미마을은 '오라리 방화사건'이 일어난 곳이며 무장대에 의해서 많은 사람들이 희생되었다. 1948년 5월 1일에는 우익청년단원들이 연미마을에 있는 가옥을 방화하는 일이 발생했다. 사진을 보면 알 수 있듯이 마을은 폐허가 되어 사람이 살기 힘들어졌고 현재는 감귤 밭이나 다른 밭들로 구성되어 있거나 빈 땅으로 사용되는 것을 볼 수 있다. 다른 장소랑 다르게 그때의 흔적을 아예 찾아볼 수 없다.

불타서 없어진 해산이 마을 자리이다.

1948년 5월 1일 낮 12시경 서북청년회 등 극우청년단원 30여 명이 연미 마을에 있는 집에 불을 놓으면서 시작되었다. 그때 민 오름에 있던 유격 대원들이 불 지른 청년을 추격했다. 이후에 사태가 진정되는 줄 알았지 만, 오후 2시경에 극우청년들의 신고를 받은 경찰들이 총을 난사하며 마 을로 진입했다. 유격대가 경찰관 가족을 살해한 사실을 알고 경찰의 총 소리는 더욱 심해졌다. 마을 사람 한 명이 총에 맞아 죽고, 다른 마을 사 람들도 심하게 다쳤다. 4.28 평화협상은 평화적으로 잘 마무리되었지만 오라리 방화사건 때문에 수포로 돌아갔다. 이후 이 사건에 대해서 많은 의문이 제기되었다. 비행기와 지상에서 동시에 같은 장면이 촬영됐다는 점과 유격대가 한 일로 조작되었다는 점 등 배후가 있다는 추측이 있다. 현재도 많은 학자들이 연구 중이다.

연미마을
위치: 제주시 연사길 142

붉은 피로 물들었던 한모살 **표선해수욕장**

과거에 한모살 일대는 멸치어장으로 각광을 받으며, '멜 잘 들민 월정, 멜 안 들민 멀쩡'이라는 말이 전해질 정도로 멸치잡이가 왕성했 던 곳이다. 하얀 모래밭이 펼쳐진 아름다운 한모살에도 4.3의 광풍이 휘몰아쳤다. 아름다운 풍경 속 학살은 아픔이 배가 된다. 과거에 넓은 모래사장이 펼쳐졌다고 해서 한모살이라 불린 이곳은 현재 해수욕장 으로 활용되고 있다. 4.3항쟁 당시 '붉은 피로 물들었다'는 역사가 있 는 표선 해수욕장이다.

한모살은 서귀포 표선면, 남원면 일대 주민을 총살한 곳으로, 토산 리 주민만 200여 명이 집단 총살당하기도 하고 세화1리 청년 16명이 군인의 명령에 따라나섰다가 희생되기도 했다. 1948년 11월부터 다음

과거 붉은 피로 물들었던 표선해수욕장

해인 1949년 초까지 학살이 계속 자행되었다. 아버지를 죽일 때 자식에게 만세를 부르게 하거나, 군중 앞에서 시아버지와 며느리를 발가벗겨 놓고 말도 안 되는 짓을 강요하는 등 토벌대는 학살 이상의 범죄를 저질렀다. 다른 남도의 바다와 마찬가지로 잔잔하고 여운이 남는 아름다운 곳이다. 하지만 많은 이들이 피 흘리며 학살되었던 곳이라는 것을 인지하니 마냥 아름답게 보이지만은 않았다.

표선해수욕장
위치: 서귀포시 표선면 표선리

표선해수욕장 맛집
쌈총사 횟집
표선해수욕장을 갔다가 여유가 된다면 근처에 쌈총사 횟집에 들려보는 것도 좋은 생각이다. 4만 9,000원의 가격으로 2~3명이 배부르게 먹고도 남을 만큼 회를 먹을 수 있다.
위치: 서귀포시 성산읍 일출로 32

아름다움 속에 숨겨진 아픈 역사 **다랑쉬 오름**

  화산활동이 활발히 일어났던 제주도에는 다양한 오름이 형성되어 있다. 다랑쉬 오름은 제주 역사에서 가장 큰 비극인 4.3사건의 주요 배경이다. 아름다운 경관 속에 가슴 아픈 사연을 간직한 것이다. 1948년 다랑쉬 오름에는 농사와 목축업에 종사하는 20여 가구의 사람들이 마을을 이루어 살고 있었다. 이곳 또한 4.3사건 와중에 군경 토벌대에 의해 초토화되었다. 다랑쉬 마을은 소개령으로 불타 없어진 탓에 잃어버린 마을이라고도 불린다.

  처음에는 마을 규모가 작아 무차별적인 학살을 피해서 피해자가 없었다고 알려졌다. 하지만 1992년에 다랑쉬 동굴에서 4.3희생자 유골 11구가 발굴되면서 주목을 받았다. 1948년 12월 18일 함덕 주둔 9연대 2대대가 동굴 입구에 불을 피워 굴 안에 있는 사람들을 모두 질식사시켰다. 1992년에 11구가 발굴되었다고 했지만 실상은 20명 이상이 희생되었다고 한다. 다랑쉬 오름은 쉬지 않고 오르면 정상까지 1시간

다랑쉬오름은 꽤 높은 축에 속하는 오름으로 주변 경관도 잘 보이고 분화구도 깊다.

정도 걸린다. 끝없는 계단을 올라가야 하는 터라 조금 힘들 수 있지만, 주변 나무에서 나오는 피톤치드가 계단 끝까지 올라갈 수 있는 힘을 준다.

TIP | **제주의 오름**

제주도의 오름은 부드러운 곡선으로 이어져 육지부의 산세와는 다른 경관을 연출한다. 화산섬의 신비와 제주인의 삶이 담긴 오름은 한라산을 중심으로 제주도 전역에 걸쳐 분포하며 360개 이상으로 알려져 있다. 야산과 오름의 차이점은 야산은 산의 일부이지만 제주도에 있는 오름은 화산이 폭발하면서 생긴 화산체이다. 오름 정상에는 각기 다른 분화구들이 형성되어 있다. 특히, 제주도는 세계에서 가장 많은 오름을 갖고 있다. 오름 안에는 붉은 돌들이 있는데 이는 화산 폭발로 만들어진 화산송이다.

제주도민에게 오름은 생활의 근거지가 되었다. 오름 기슭에 터를 잡고 화전을 일구며 밭농사를 짓고 목축을 했다. 제주도에서 오름은 빼놓을 수 없는 상징이다. 하지만 현재는 경작지의 확대, 도로와 송전탑 건설 등으로 인하여 훼손되었다. 인공적인 초지가 조성되면서 주변 경관과 조화를 이루지 못한 모습들도 자주 보인다. 우려의 목소리가 많아지면서 오름을 보호하고 관리하려는 노력을 기울이고 있다.

다랑쉬오름
위치: 제주시 구좌읍 송당리

살아남은 자들의 터전 낙선동 4.3성

제주는 돌과 함께 살아왔다. 집의 돌담은 농부의 민요가락을, 무덤의 돌담은 이승과 저승의 경계를, 옛 성의 돌담(성담)은 역사의 영욕을 쌓았다. 현대사에서 돌담은 4.3사건 당시 유격대와 빨치산의 은신

총을 들고 보초를 서던 곳

처가 되기도 했고, 피난민을 보호하는 움집에 사용되기도 했다. 선흘리의 많은 이들이 터전을 잃고 길을 헤매다 돌을 등에 업고 나르며 만든 보금자리가 바로 낙선동 4.3성이다. 1948년 11월 20일 선흘리가 초토화 작전으로 불타서 없어지고 소개령이 내려지며 마을을 떠나야 했던 중산간 사람들은 자연동굴이나 들판에 움막을 짓고 살았다. 그 세월을 딛고 살아남은 주민들은 1949년 봄에 관내 주민들을 동원하여 1개월에 걸쳐 성을 쌓고 1954년까지 집단 거주를 했다. 개개인의 집을 만들기 어려워 한 칸에 한 가구씩 공동생활을 했다. 많은 젊은이들이 직접 돌을 들고 발로 거리를 측정하며 성을 세워나갔다. 낙선동 4.3성의 형태는 가로 150미터, 높이 3미터, 폭 1미터 총 500여 미터의 직사각형

작지만 견고한 낙선동 4.3성의 모습이 남아있다.

으로 이루어졌다. 낙선동 4.3성이 다른 성들보다 높은 이유는 한라산 무장대와 마을 주민의 접촉을 차단하고 무장대의 습격을 방어하기 위해서였다.

낙선동 4.3성
위치: 제주시 조천읍 선흘리 2720번지, 선흘서 5길7

양지우_디지털문화콘텐츠학과

한신대학교 디지털문화콘텐츠학과에 재학 중이다.

차수민_국제관계학부

동해에서 태어났다. 어렸을 때부터 역사에 관심이 많아 도서관을 돌아다니며 다양한 종류의 책을 읽었고, 그를 통해 세상과 사회에 대한 시각을 넓혔다.

제**4**부

경상도

지워야 할 잔재인가,
지켜야 할 유산인가

1910년 8월 29일, 반만년의 역사를 가진 한 나라가 옆 나라 일본에 병합되어 역사상 처음으로 지도에서 이름이 사라지게 되었다. 국가를 잃어버린 조선의 국민들은 남자는 노동과 강제징용, 여자는 군인들의 성 노리개로 이용되며 말 그대로 짐승보다 못한 존재로 이용되었다. 우는 아이들을 달래기 위해 "어허, 호랑이 온다"라는 말조차 "순사 온다!"라는 말로 바뀔 정도로 일제의 조선에 대한 탄압은 말로 이를 수 없었다. '신라의 수도', '천년고도'로 유명한 경주도 예외는 아니었다.

스스로 부숴야 했던 선조의 땀 경주읍성

경주읍성의 정확한 축조연대는 알 수 없으나 고려 우왕(1378) 때 토성을 석재로 다시 지었다는 기록이 있어, 처음 축조한 것은 그 전으로 짐작하고 있다. 1592년 임진왜란 당시 왜군에게 점령당했지만, 경상좌도 병마절도사 박진이 신무기인 비격진천뢰飛擊震天雷의 활약에

경주읍성의 동문(향일문) 전경이다.

일제강점기 때 철거됐다가 복원 중인 경주읍성과 잔재

힘입어 탈환에 성공했다. 그 후 불에 타 소실된 성을 1632년 다시 지어 둘레 1.2킬로미터, 높이 4미터 규모의 읍성이 만들어졌다.

하지만 삶의 터전을 지켜주던 성벽은 일제강점기 때 철거된다. 1912년 1대 조선 총독 데라우치 마사타케는 경주에 방문해 석굴암과 불국사 등 경주에 남아있는 신라시대의 문화재를 구경하고 있었다. 그러던 중 경주읍성의 성벽 높이 때문에 차량이 통과할 수 없자 징례 문(경주읍성의 남문)을 철거해버린다.

이처럼 1910년 조선에는 '읍성 철거령'이 내려져 대부분이 철거되었다. 철거 이유는 앞서 말한 교통의 문제 또는 조선의 근대화를 위한 다는 목적이었지만, 사실은 조선의 군사 저항력을 낮추고 전통문화를 훼손하기 위함이었다. 일본인들에게 조선의 읍성은 부숴야 할 돌덩이에 지나지 않았다. 그렇게 조선인은 자신들의 선조가 피와 땀으로 만든 성벽들을 직접 무너뜨려야만 했다.

부서진 경주읍성 잔해들은 1918년 대구에서 불국사역까지 이어지는 철도를 만드는 데 사용됐다. 경주시는 2002년 50미터 정도의 동벽만 남아있던 경주읍성을 복원하기로 했다. 2018년 동성벽 324미터와 동문(향일문)을 복원 완료했다. 2030년까지 동북쪽 성곽 1,000여 미터와 11개의 치성雉城을 복원할 예정이다.

TIP **수도권에서 경주를 간다면 확인할 것**

수도권에서 기차를 타고 경주를 간다면 먼저 확인해야 할 것이 있다. 경주에는 신경주역과 경주역이 있다. 경주역에서 내리면 바로 시내로 진입할 수 있고 신경주역에서 내리면 시내까지 버스로 15~20분 정도 더 가야 한다. 하지만 ktx는 신경주역만 정차한다. 경주역은 ktx가 운행하지 않으므로 신경주역으로 가는 것이 경주역보다 1~2시간 정도 더 빠르게 시내로 들어갈 수 있다.

경주읍성
주소: 경상북도 경주시 동문로43번길 16

종교라는 이름으로 자행된 비극 **서경사**

서경사는 경주의 분위기와 어울리지 않는 일본전통 양식의 목조 사찰건물이다. 어쩌다 경주에 일본식 사찰이 있는지를 이해하기 위해선 한국 불교의 역사를 되짚어보아야 한다. 경술국치가 된 지 한 달이 조금 넘은 1910년 10월 6일 한국 불교는 '연합맹약 7개조'를 통해 일본 불교 조동종과 연합을 맺었다. 하지만 실상은 연합이 아닌 합병이었다. 이 뒤엔 친일파 이회광과 다케다 한시가 있었다.

이회광은 19세에 출가하여 건봉사에서 보운스님의 법통을 이어갔다. 우리나라 고승 199명의 행적을 기록한 '동사열전'에서 조선의 마지막 대강백으로 기록되었을 만큼 앞날이 기대되는 승려였다. 그는 1908

일본 조동종이 포교 활동을 위해 지은 일본전통 건축 양식의 서경사

년 친일 성향을 띠는 불교단체인 불교연구회 중심의 도 사찰 대표자
52명과 함께 원흥사에 모여 원종을 창립하고 종정으로 추대되었다.
　하지만 1910년 나라가 일제에 병합되어 원종의 설립 인가를 받지
못하자 조선 불교의 연명을 위해 일본 불교인 조동종의 힘이 필요하
다고 느꼈고, 당시 일진회 회장이었던 이용구의 추천으로 다케다 한
시를 원종의 고문으로 받아들였다. 다케다 한시는 일본 조동종의 승
려이지만 1895년 10월 8일에 일어난 명성황후 시해 사건에 직접 가담
했다. 또한 흑룡회라는 일제의 영역 확장 욕망을 실현하기 위해 모인
낭인 단체를 주도했다. 신분은 승려였지만 칼을 찬 승냥이에 가까운
사람이었다. 한국 불교를 흡수하자 일제는 속내를 드러내기 시작했다.
1년 뒤인 1911년 6월 3일 사찰령을 내려 조선의 불교를 통제, 억압했
고 조선에 일본 조동종의 사찰을 짓기 시작했다.
　그 시기 만들어진 부산물이 바로 서경사이다. 서경사는 1932년 일
본 조동종이 경주 지역에서 포교 활동을 위해 지은 일본식 불교 건축
물이다. 조선에 거주하는 일본인들의 종교 활동을 위해 지었다고 했

지만, 사실 조선을 수탈하기 위한 일제의 술수였다. 그들은 점차 조선 인들에게까지 포교했다. 일제에 대한 반발심과 적개심을 무마하고 황 국신민화를 진행하기 위함이었다.

한편으론 일제의 전쟁 정책을 적극적으로 선전해 조선의 젊은이들 을 전쟁터로 몰았고, 군수물자 공출을 강요했다. 그들에게 종교란 조 선을 지배하기 위한 도구일 뿐 그 이상, 그 이하도 아니었다. 1995년 서울의 조선총독부가 해체되었을 때 서경사도 해체될 위기에 처했었 다. 그러나 "일제의 잔재이지만 역사적 가치와 교훈을 가지고 있어 보존하자"라는 시민들의 목소리로 지금까지 형태를 유지하고 있다. 현재 건축적 아름다움과 역사적 가치를 인정받아 국가 등록문화재 제290호로 지정되었으며 판소리 같은 한국 무형문화재를 전수하는 장소로 활용되고 있다.

일제강점기 한국 불교가 친일적인 행보를 보인 것은 사실이지만 그 들에게도 나름의 이유는 있었다. 조선은 억불정책을 펼쳐 많은 사찰을 정리했고, 남은 사찰은 산으로 쫓겨났다. 한편, 승려들을 천민으로 분

서경사와 대비되는 한옥 형식의 경주 무형문화재 전수교육관의 모습이다.

류해 도성 출입조차 금지했다. 이런 조선의 승려에 대한 차별을 끝낸 것이 일본 일련종 승려 사노이다. 그는 일제의 힘을 빌려 1895년 차별을 끝냈다. 물론 일제의 목적은 조선 불교의 환심과 일본 불교의 조선 내 영역 확장이었다. 그 과정에서 조선 불교가 당한 차별들을 풀어준 셈이다. 하지만 그들의 친일적 행보는 역사에 영원히 기록될 것이다.

서경사
위치:경상북도 경주시 서부동 93번지

또 다른 경주 여행_추가 탐방지 1 **황리단길**

경주의 젊은 거리, 황리단길

경주를 둘러보다 배가 고프다면 황리단길을 가는 것도 좋은 방법이다. 요즘 젊은이들이 많이 찾는 거리에는 '가로수길', '경리단길'처럼

황리단길. 다른 거리에서 느낄 수 없는 한국의 멋이 있다.

'~길'이라는 명칭이 자주 붙는데 황리단길도 그중 하나이다.

황리단길은 황남동 포석로의 '황남 큰길'이라 불리던 골목길로 천년고도 경주에 맞게 전통 한옥 양식의 카페와 음식점들이 늘어서 있다. 그 사이사이에 현대 양식의 건축물들이 있어 단아하면서도 세련된 경주 황리단길만의 이미지를 완성한다. 최근에 유행하는 다양한 먹거리와 골목골목 숨어있는 아름다운 한옥 카페들, 거리에 가득한 가족들과 커플들의 모습에 오래된 도시의 이미지인 경주가 아닌 생기와 활력을 가진 도시임을 보여준다.

향화정
주소: 경북 경주시 사정로 57번길 17
전화번호: 0507-1359-8765
영업시간: (연중) 오전 11시~오후 9시
가격: 경주 육회 비빔밥 13,500원 / 경주 물회 13,500

또 다른 경주 여행_추가 탐방지 2 **동궁과 월지**

동궁과 월지라는 이름이 생소할 수도 있다. 하지만 안압지라고 하면 많은 사람들이 "아 그곳!"이라며 알아차릴 것이다. 안압지에서 동궁과 월지로 명칭이 바뀐 지 채 10년이 되지 않았기 때문이다. 동궁과 월지는 신라 멸망 후 방치되다가 조선시대에 기러기와 오리가 날아드는 것을 보고 기러기와 오리들의 땅이라 하여 안압지鴨池라 불리게 되었다.

그 후 1980년에 발굴된 토기와 파편에서 원래는 '월지'라 불렸다는 것이 발견되었고, 2011년 7월에 동궁과 월지로 명칭이 변경되었다. 그밖에도 화려한 장식품이나 오물 배수 시설이 갖추어진 수세식 변기 등 신라의 발전된 기술력을 보여주는 유물이 많이 나왔다.

동궁과 월지. 삼국 통일 후 지어진 왕궁의 별궁 터와 인공호수이다.

동궁과 월지는 문무왕이 삼국 통일을 이룬 직후인 647년에 지어진 왕궁의 별궁 터와 인공호수이다. 신라의 태자들은 이곳에 머물며 귀빈을 접대하거나 연회를 즐겼다. 궁궐 내부에는 돌로 쌓은 12개의 돌산이 있었는데 중국 사천성에 있는 무산의 봉우리를 본떠 만들었다고 한다. 그리고 연못을 판 뒤 그 안에 진시황이 그토록 찾던 불로장생의 약초와 신선이 있다는 중국 전설의 산인 봉래蓬萊, 영주瀛州, 방장方丈을 본떠 섬을 만들고 그곳에 진귀한 새들과 동물들을 키웠다고 한다.

동궁과 월지
주소: 경상북도 경주시 원화로 102 안압지
운영시간: (연중) 오전 9시~오후 10시
가격: 어른/개인 3,000원 어린이/개인 1,000원

일제의 흔적 **포항 구룡포 일본인 가옥거리**

구룡포라는 지명의 유래는 신라시대로 거슬러 올라간다. 신라 진흥왕 시절 장기 현감縣監이 각 마을을 순찰하던 중 한 고을을 지나고 있었다. 그때 갑자기 천둥과 폭풍우가 몰아치며 바다에서 열 마리의 용이 하늘로 승천했고, 그것을 본 장기 현감은 이곳을 구룡포라 부르기로 했다.

포항 구룡포 일본인 가옥거리는 일제강점기 일본인이 살았던 곳으로 일본 가옥 형식이 남아 있는 거리이다. 1876년 조선은 일본과의 수출입 상품에 무관세를 부과하기로 한 '강화도 조약'에 불만을 품고 있었다. 그 후 1882년 미국과 조미수호통상조약을 맺었는데 한국 역사상 서양국가와 맺은 최초의 조약이다. 이로써 조선은 관세자주권을 일부분 되찾게 되었다.

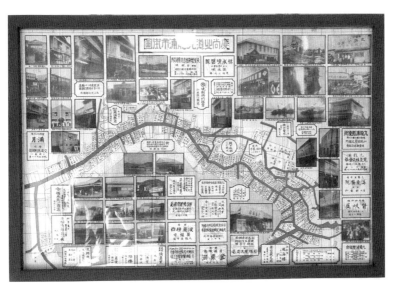

일제강점기 구룡포 지도로 당시 거리의 모습을 보여주고 있다.

조미수호통상조약 덕분에 일제는 조선에 강압적인 무관세를 주장할 명분이 사라졌다. 또한 임오군란으로 심해진 반일 감정을 달래야 했다. 그래서 프로이센 왕국 출신으로 청나라에서도 외교관으로 활동한 바 있는 묄렌도르프를 조선에 파견했고, 1883년 7월 5일 일본 물품에 관세를 부과할 수 있는 조일통산장정을 체결한다. 당시 구룡포항에 들어와 사는 일본인의 수는 아직 소수였다.

　일본인이 대거 구룡포항에 들어와 살게 된 것은 1890년대이다. 청일전쟁의 승리와 함께 1889년 체결한 조일통어장정이 체결되었는데, 이 조약으로 일본 어선들은 세금을 내고 조선 연안에 자유롭게 드나들 수 있게 되었다. 결국 일제는 조선 해양을 완전히 장악했고, 많은 일본인들이 구룡포항으로 들어왔다.

　일본인 가옥거리 형성에 큰 역할을 한 하시모토 젠키치와 도가와 야사부로도 이 무렵 구룡포로 이주를 했다. 그들은 백화점, 음식점, 여관 등 일본인을 위한 유흥시설을 짓기 시작했다. 구룡포가 가장 번성하던 시기인 1932년에는 250여 가구, 1000여 명의 일본인들이 살았다고 하니 그 규모가 엄청났음을 알 수 있다. 하지만 1910년 구룡포 거주 조선인은 2~3가구에 불과했다. 조선인들은 일본인이 운영하는 조합이나 어선에서 일하며 생활을 이어갔다. 그들에게 구룡포항의 황

돌기둥의 앞면과 시멘트로 칠해진 뒷면의 모습이다.

금기는 남의 일이었다.

일본인 가옥거리의 중심에는 양옆으로 돌기둥이 박혀 있는 계단이 눈길을 끈다. 돌기둥에 대해 잘 모르는 사람이라면 돌기둥에 적힌 한국인들의 이름만 보고 그냥 지나칠 수 있다. 하지만 그 뒷면에는 역사의 흔적이 남아있다. 이 돌기둥들은 1944년에 제작되었다. 120개의 돌기둥에는 구룡포항 조성에 이바지한 이주 일본인 120명의 이름이 적혀 있었다. 1945년 2차 세계대전에서 일본이 패망해 조선에서 철수한 뒤, 구룡포 주민들은 돌기둥에 시멘트를 발라 일본인들의 이름을 지워버리고 기둥들을 돌려세웠다. 그 후 1960년대에 들어서 순국선열과 호국영령의 위패를 봉안할 충혼각과 충혼탑을 세우는 데 도움을 준 이들의 이름을 돌기둥에 새겨 넣었다. 그렇게 지워진 일본인들의 이름 중 지워지지 않은 사람이 한 명 있다. 앞서 말한 구룡포의 황금기를 이끌었던 도가와 야사부로이다. 구룡포 주민들이 그의 기여를 어느 정도 인정해준 것이 아닐까 싶다.

계단을 따라 위로 올라가면 순국선열 및 호국영령을 기리는 충혼탑과 도가와 야사부로를 기리는 송덕비가 보인다. 이 송덕비는 광복 후 돌계단과 함께 시멘트로 칠해졌다. 포항시에서는 시멘트를 제거하는 것에 대해 논의한 적이 있다. 하지만 시멘트를 덧칠한 것도 역사의 한 부분이니 그대로 두는 것이 좋겠다는 결정이 났다. 무엇이 쓰여 있는지는 알 수 없다. 송덕비 옆에는 순국선열과 호국영령을 기리는 충혼각과 충혼탑이 있다. 일제강점기에 만들어진 신사의 흔적과 기념비 기단이 함께

도가와 야사부로를 기리는 송덕비. 시멘트로 덮여서 비문의 내용은 알 수 없다.

놓여 있어 부조화스러운 모습을 연출한다.

일본인 가옥거리는 90년 전 일제에 지배당하던 구룡포항의 모습을 생생하게 보여주고 있어 역사적으로 뿐만 아니라 관광지로서도 큰 가치가 있다. 길이가 총 450여 미터인 이 거리는 곳곳에 일본식 가옥이 들어서 있다. 또한 카페, 음식점 등등 친구나 연인과 즐길 만한 요소가 많아, 주말의 경우 4~5천명의 방문객이 있을 정도로 인기가 많은 곳이다. 아직 이 거리를 잊지 못한 구룡포항 이주 일본인 2,3세들도 구룡포회라는 모임을 만들어 1년에 한 번씩 방문한다.

최근에 방영해 인기를 끈 드라마 '동백꽃 필 무렵'의 촬영지도 구룡포 일본인 가옥거리이다. 작중 주인공 동백이(공효진 역)의 가게 까멜리아가 이곳에 있다. 포항시는 촬영이 끝난 후에도 까멜리아 간판을 내리지 않고 카페로 운영 중이다.

드라마 방영이 끝난 지 1년이 지난 지금도 여전히 많은 관광객이

동백꽃 필 무렵의 촬영지인 카페 까멜리아. 구룡포 일본인 가옥거리의 명물이 되었다.

까멜리아 앞에서 사진을 찍기 위해 줄을 선다. 거리의 끝자락에는 하시모토 젠키치가 실제 살았던 집이 있다. 오사카에서 직접 자재를 공수해서 지은 집은 현재 구룡포 근대역사문화관으로 이용되고 있다. 내부는 그 당시 일본인들의 생활 모습과 생활 도구들을 구현해놓았다. 평민의 집에서는 볼 수 없는 폭 1미터의 툇마루가 있는 것으로 보아 그의 재력이 상당했다는 것을 알 수 있다. 딸들이 사용하던 방, 부부가 사용하던 방, 화장실 등 그때의 모습이 그대로 재현되어 있다.

누군가는 일제의 건물들이 남아있는 일본인 가옥거리를 못마땅하게 여겨 없애자고 하기도 한다. 하지만 이 거리는 일제가 우리에게 남긴 아픈 상처를 보여주는 장소이자, 지역 주민들의 생계에 크게 기여하는 장소이다. 역사적 기록과 주민들의 경제적 가치 측면에서 의미가 큰 거리인 것이다. 지워야 할 일제의 잔재인지, 기록해야 할 일제 침략의 증거인지, 좀 더 고민해봐야 할 듯하다.

일본인 가옥거리
주소: 경상북도 포항시 남구 구룡포읍 구룡포길 153-1

가옥거리 식당 히노데
주소: 경상북도 포항시 남구 구룡포읍 구룡포길 127-2
전화번호: 054-276-2076
영업시간: (수, 목, 금요일) 오전 11시 30분~오후 3시 / (주말) 오전 11시 30분~오후 6시
휴무일: 월요일, 화요일
가격: 판메밀 7,000원 / 유부우동 6,000원

박기정_중국어문화학부
1996년 3월 21일 안산에서 태어난 육군 만기전역자이다. 이 글을 쓰기 위해 포항에 처음 가보았다. 친구가 없어 집에서 혼술 하며 음악 듣는 것을 좋아한다.

제5부

인천

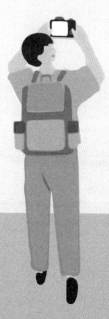

교동도와 개항장

1950년 6월 25일 새벽 한국전쟁이 발발했다. 모두가 곤히 자고 있던 새벽 뜬금없는 총성과 폭발음이 일었다. 6.25전쟁이라고 불리는 한국전쟁으로 인해 우리나라 국민들은 계획에 없던 피난길에 올라야 했다. 수많은 실향민과 이산가족이 발생했는데 황해도 연백군 연안읍 주민들은 고향과 가장 가까웠던 교동도로 피난을 가게 되었다. 이후 교동도는 수많은 황해도 연백 출신 사람들에게 제2의 고향이 되었다. 현재는 강화도와 교동도에 실향민들과 그 후손까지 4,000여 명이 살고 있다.

교동도는 인천 강화군에 속해 있는 섬으로, 교동도 대룡시장과 망향대는 실향민들의 삶과 애환을 들여다볼 수 있는 곳이다. 대룡시장은 연백군에서 피난 온 주민들이 일군 시장이다. 고향으로 돌아갈 수 없게 된 실향민들은 생계를 유지하기 위해 고향 연백에 있는 연백시장을 본떠서 시장을 만들었다. 그것이 대룡시장이다.

실향민의 삶과 애환이 녹아들다 대룡시장

1950년대 대룡시장은 교동도 경제 발전의 중심지였으나 실향민 어르신들이 돌아가신 뒤로 인구가 급격하게 줄었다. 지금은 실향민 2세들이 이곳을 지키며 전통을 이어 나가고 있다. 2014년 교동대교 개통과 함께 대룡시장은 다시 한 번 핫 플레이스로 떠올랐다. 과거 모습 그대로 시간이 멈춘 듯한 대룡시장 골목길은 다양한 방송에 소개되며 교동도의 대표적 관광 명소로

대룡시장 초입에 위치한 교동 이발관의 간판

자리 잡았다.

 교동도에 들어가기 위해서는 해병대의 검문을 거쳐야 한다. 과거 교동도는 북한에 가까운 최전방 지역이기에 민간인의 출입이 통제되었다. 그러나 2014년 7월부터 검문 하에 민간인의 출입을 허용하고 있다. 검문소에서 군인의 통제 하에 인적사항과 자가용 차 번호를 등록하면 교동도 출입이 가능하다.

 대룡시장의 입구에 다다르면 "어서오시겨 대룡시장"이라는 글귀가 관광객을 반긴다. 시장 내부는 과거로 시간이 되돌아간 듯한 레트로 감성의 건물들이 주를 이루고 있다. 과거 실향민들의 삶의 터전이었던 곳이 요즘 젊은 세대가 열광하는 레트로풍의 관광지로 변모한 것이다.

 관광객이 늘어나자 시장 안에 각종 포토존과 소품 전시관도 생겼다. 그곳에는 나비장, 금성 TV, 옛날 담배, 전축 등 다양한 옛 물건이 전시되어 있다. 대룡시장의 끝자락 깊은 곳으로 들어가면 교동 스튜디오가 자리 잡고 있다. 대룡리 마을에서 관광객들을 위해 운영하는

각종 불량식품을 파는 가게(왼)와 레트로 소품을 전시한 포토존(오)이다.

사진관으로 1960~70년대 교복과 교련복을 빌려 입고 흑백사진을 찍을 수 있다.

1950년대 대룡시장의 실향민들은 떡이나 술같이 팔 수 있는 것들은 뭐든 만들어 팔며 버텼다. 그들에게 대룡시장은 생계를 위한 수단이었고 고향에 대한 그리움이 응축된 곳이다. 전쟁 때문에 가족들과 생이별을 하며 고통 속에 살아온 자들의 흔적인 것이다. 최근 관광지로서 각광받고 있지만 실향민들의 아픔과 한이 서려있다.

대룡시장의 건너편에는 교동도의 관광 플랫폼인 '교동제비집'이 있다. 평화와 통일의 섬 교동도 프로젝트의 거점으로 주민이 직접 운영하고 있다. 교동도를 찾는 관광객들을 위한 여러 프로그램이 운영되고 있다. 평화의 다리 만들기 체험과 자전거 투어를 진행하고 있고, 2층 전망대에서는 교동 평야를 구경할 수 있다. 교동 지역 특산물도 따로 판매되고 있으며 계절마다 각종 음식 만들기 체험도 가능하다.

교동도를 관광하다 보면 이상하게 제비에 관련된 것을 자주 만나게 된다. 대룡시장 안 전깃줄 위에는 제비 조형물이 앉아 있고 제비에 관련된 벽화도 있다. 심지어 관광 안내소의 이름도 제비집이며 안내소 앞에는 큰 제비 조형물이 설치되어 있다. 실향민들은 고향인 황해도 연백을 마음껏 오가는 수많은 제비를 보며 자신의 신세를 한탄했다. 바로 눈앞에 있지만 이제는 갈 수 없는 곳이 된 고향땅, 그곳을 향한 실향민의 애통한 마음을 대변하는 매개체가 바로 제비였다.

교동제비집 안내소 앞

교동제비집

http://www.gyodongjebi.co.kr/main.php
주소: 인천 강화군 교동면 교동남로 20-1
전화번호: 032-934-1000
운영시간: 오전 10시~오후 6시
휴무일: 매월 둘째, 넷째 월요일
입장료: 자전거 대여 3시간 5,000원

대룡시장의 말미에는 황해도식 냉면과 국밥을 판매하는 대풍식당이 자리 잡고 있다. 대풍식당은 6시 내고향, 생방송 아침이 좋다 등다양한 TV 프로그램에 소개되었다. 황해도식 냉면과 국밥을 파는데실향민 가족이 직접 운영하고 있는 것으로 유명하다. 워낙 유명한탓에 주말에는 줄을 서서 기다려야 할 정도이다. 재료가 소진되면장사가 빨리 끝날 수도 있으니 유의해야 한다. 대풍식당의 초대 주인은 실향민이었던 송순녀 사장으로 현재는 며느리인 황인자 사장이운영하고 있다.

대풍식당의 모습. 워낙 유명해서 주말에는 줄을 서야 먹을 수 있다.

대풍식당의 황해도식 비빔냉면과 황해도식 고기 국밥이다.

대풍식당
주소: 인천 강화군 교동면 대룡안길 54번길 24
전화번호: 032-932-4030
영업시간: 오전 11시~오후 6시30분
가격: 고기국밥 7,000원 / 물냉면 7,000원

갈 수 없는 고향 땅을 바라보다 **망향대**

교동도 섬의 북쪽 끝인 인천 강화군 교동면 지석리에는 망향대가 있다. 망향대는 실향민들이 제사를 지내기 위해 만든 곳으로 작은 언덕길을 오르면 바다 건너 북한 땅이 보인다. 망원경 없이 눈으로 볼 수 있을 정도로 매우 가깝다. 교통이 불편해서 자차를 이용해야 하는데 주차장은 협소한 편이다. 주차장을 지나 계단을 거쳐 50미터 가량의 작은 언덕길을 오르면 망향대에 도착한다. 가는 길이 가파르지 않아 남녀노소 불문하고 관광객이 많이 찾는 곳이다. 전망대에 다다르면 큰 비석이 여럿 서 있는데, 비석에는 실향민들이 고향을 그리워하며 쓴 망향시가 적혀있다. 다시는 돌아갈 수 없는 고향 땅을 그리는 마음이 속속들이 드러나 있다.

망향대에서 바라본 북한 땅과 흩날리는 태극기

한쪽에서는 작은 푸드 트럭인 망향 카페 차가 사람들을 반긴다. 게시판에는 한국전쟁에 대한 설명과 함께 간략한 망향대 소개가 씌어 있다. 이곳에 설치된 망원경을 통해 실제 북한 사람들의 모습도 볼 수 있다. 자전거를 타며 돌아다니는 사람, 물질을 하는 사람들이 눈에 띈다. 북에서 내려오신 어르신들이 많이 찾는 관광지 중 하나이다.

망향대에 서면 고향 땅을 그리는 이들의 절절한 마음과 함께 분단이 얼마나 고통스럽고 애달픈 것인지 새삼 느끼게 된다. 사랑하는 가족들과 생이별을 해야 했던 이들의 고통을 누가 감히 헤아릴 수 있을까. 전쟁의 아픔을 고스란히 간직한 교동도를 보며 평화가 도래하기를 소망해본다.

조선인 수탈의 아픔이 담기다 개항장거리

19세기 초반, 흥선대원군의 통상수교 거부 정책은 더욱 심해졌다. 가톨릭에 대한 탄압으로 서구 열강들의 눈길은 조선을 향했다. 1866년 제너럴셔먼호 사건, 병인양요, 1871년 신미양요가 연달아 발생했다. 열강들의 침탈은 이에 그치지 않았다. 1875년 일본 군함 운요호가 강화도 앞바다에 불법으로 침투하는 사건이 벌어졌다. 이로 인해 강화의 초지진이 포격 당했고 일본군은 영종도에 상륙해 침탈과 살육을 자행했다. 운요호 사건 이후 일본은 이 사건에 대해 책임을 물으며 1876년

인천 일본 제1은행의 정문 모습이다.

강제로 조선을 개항시키려고 했다. 결국 조선은 일본과 불평등 조약인 강화도 조약, 즉 조일 수호 조규를 맺었다. 그리고 강화도 조약에 따라 부산, 원산, 인천을 개항하게 되었다. 1883년 인천 제물포가 개항되어 인천은 서양 근대문물을 수입하는 수도의 관문으로서 자리 매김하게 되었다. 개항 후 인천에는 새로운 문물이 들어오기 시작함과 동시에 일본의 수탈 또한 시작되었다.

당시 근대문물이 가장 빨리 도입된 곳이 현재 인천 중구청 앞 개항 장 거리이다. 당시에 지어진 건물 가운데 일본 제1은행 지점은 서양 건축방식이 가장 돋보이는 근대 개화기 건물이다.

미국의 「코리아 리뷰 Korea Review」는 일본 제1은행에 대해 "한국에서도 가장 훌륭하고 견고한 석조 사옥을 가졌으며, 또 막대한 거래를 하고 있는 제일은행이 제물포에 있다"고 소개한 바 있다. 이 건물은 현재 인천개항박물관으로 사용하고 있으며, 개항 관련 근대문물 중 대표적인 것들이 전시되고 있다.

근대식 군함 광제호에 걸려있던 태극기로 경술국치 전까지
펄럭인 태극기 가운데 유일하게 현존하는 것이다.

인천개항박물관 (인천 일본 제1은행 지점)

http://www.icjgss.or.kr/open_port/index.asp
주소: 인천 중구 신포로 23번길 89
전화번호: 032-760-7508
운영시간: 오전 9시~오후 6시
휴무일: 매주 월요일
입장료: 어른 500원 / 청소년, 군경 300원 / 어린이 무료

　　인천 개항박물관 바로 옆에는 인천 일본 제18은행 지점이 위치해
있다. 이곳은 현재 인천 개항장 근대건축전시관으로 활용되고 있다.
전시관에는 개항기 당시 국제 정세 및 역사 상황을 설명하는 영상
자료와 이미지가 전시되어 있다. 당시 나가사키 상인들은 상해에서
영국 면직물을 수입하여 한국시장에 재수출하는 중개무역으로 큰 이
익을 얻었다. 일본 제18은행의 본점은 나가사키에 있었는데, 중개무
역이 흥하자 1890년 한국의 금융계를 지배할 목적으로 제18은행 인
천 지점을 개설했다.

제18은행은 화물, 돈, 쌀을 담보로 이자를 받고 대출해주는 업무를 하고 있었지만, 조선인들은 일본인보다 더 많은 이자를 내야만 돈을 빌릴 수 있었다. 따라서 신용이 낮은 조선인 대부분은 은행대출을 받을 수 없었고, 몇 배나 이자가 높은 전당포를 이용할 수밖에 없었다. 조선인들에게 받은 담보와 이자는 대부분 일본인 손에 들어갔고 조선인의 삶은 피폐해졌다. 게다가 조선의 쌀값이 폭락하여 먹고 살기 더욱 힘들어졌다. 일본인이 운영하는 은행들은 조선인을 수탈하여 쌀과 땅, 돈을 교묘하게 빼앗으며 점점 배를 불려갔다. 그러나 조선 정부는 이를 막을 수 없었고 아무 죄 없는 조선인들만 힘든 삶을 이어나갈 수밖에 없었다.

인천개항장 근대건축전시관 (인천 일본 제18은행 지점)

http://www.icjgss.or.kr/architecture/index.asp
주소: 인천 중구 신포로 23번길 77
전화번호: 032-760-7549
운영시간: 오전 9시~오후 6시
휴무일: 매주 월요일
입장료: 어른 500원 / 청소년, 군경 300원 / 어린이 무료

인천 일본 제18은행 건물은 인천개항장 근대건축전시관으로 사용된다.

우리나라 최초의 서양식 호텔인 대불호텔

우리나라 최초의 서양식 호텔인 대불호텔 또한 인천 개항장 거리에 위치해 있다. 대불호텔은 1887년 일본인 해운업자 호리 히사타로가 건립했다. 오로지 서양인들을 위한 숙박업소로 객실은 딱 11개만 운영했다. 당시 조선인 노동자의 하루 임금은 23전이었다. 대불호텔의 숙박비는 일반실 2원, 상등실 2원 50전으로 굉장히 비싼 편에 속했다. 조선 땅에 생긴 호텔이었지만 정작 조선인은 머무를 엄두조차 내지 못했던 곳이었다.

대불호텔에서 사용했던 식기류

현재 대불호텔은 개항기 근대식 호텔 객실의 모습을 재현해 놓은 중구 생활사 전시관으로 변모했다. 실제 사용했던 식기류와 가구들이 전시되어 있고 연회장도 샹들리에로 꾸며져 있어 정말 개항기 호텔에 와 있는 듯한 기분을 느낄 수 있다. 연회장은 세미나, 강연회, 전시회 등을 위한 대관이 가능하다.

중구 생활사 전시관 (대불호텔 전시관)
http://jlhm.icjgss.or.kr
주소: 인천 중구 신포로 23번길 97
전화번호: 032-766-2202
운영시간: 오전 9시~오후 6시
휴무일: 매주 월요일
입장료: 어른 1,000원 / 청소년 700원 / 군경 500원 / 어린이 무료
연회장 대관요금(1일 기준): 55,000원 / 냉난방 사용기간 77,000원
대관시간 오전 9시~오후 6시 / 면적 133.27m²

또 다른 인천 여행_추가 탐방지 1 **강화 파머스 마켓**

대룡시장 건너편 옛 LG 농기계 수리 센터 자리에 새롭게 강화 파머스 마켓이 생겼다. 파머스 마켓이란 농부와 소비자 간의 직거래 장터로 중간 유통단계를 생략해 좀더 신선한 식재료를 더욱 싼 값으로

농부와 소비자를 직접 연결하는 강화 파머스 마켓 안내판

1층에서는 식자재뿐만 아니라 다양한 소품들도 판매 중이다.

소비자에게 직접 판매하는 곳이다. 현재 1층에는 업체들이 입점해 있고, 2층은 문화공연을 즐길 수 있는 전시공간으로 활용할 계획이다.

1층 직거래 판매장에는 각종 강화도 특산물, 농산물이 거래되고 있다. 순무와 젓갈이 주를 이루며 1990년대 분위기에 맞게 옛날 라디오, 카세트테이프 등 소품이 전시되어 있다. 건물 앞에는 앉아서 쉴 수 있는 테이블이 마련되어 있어 가족 단위의 관광객이 편하게 돌아볼 수 있다.

강화도 파머스 마켓

주소: 인천 강화군 교동면 교동남로 22 파머스 마켓
운영시간: 오전 9시 30분~오후 6시
휴무일: 매월 셋째 주 월요일

또 다른 인천 여행_추가 탐방지 2 **카페 팟알**

개항장 거리에 위치해 있는 카페 팟알은 1880년대 말에서 1890년대 초에 지은 것으로 추정되는 일본식 목조건물이다. 120년쯤 된 오

팥빙수와 나가사키 카스텔라

래된 건물로 개항기 인천항에 노동인력을 공급했던 하역업체 대화조의 사무실이자 숙소였다. 이러한 역사적 가치를 인정해 문화재청은 카페 팟알을 2013년 등록 문화재 근대문화유산으로 지정했다. 3층 다다미방에는 벽면 일부에 벽지를 바르지 않고 유리창을 씌워 벽면을 액자처럼 전시하고 있다. 그곳에는 술 약속이나 음담패설 등 하역 노동자들이 쓴 낙서가

그대로 있다. 목조 건물이라 카페 주방도 건물 뒤편으로 빼 화재 예방을 철저히 하고 있다.

카페 팟알의 대표 메뉴인 팥빙수와 일본식 카스텔라도 옛 문헌을 통해 선정한 메뉴라고 한다.

카페 팟알
주소: 인천 중구 신포로 27번길 96-2
전화번호: 032-777-8686
영업시간: (평일) 오전 10시 30분~~오후 9시 30분 / (주말) 오전 10시 30분~오후 9시
휴무일: 매주 월요일
가격: 팥빙수 8,000원 / 단팥죽 8,000원 / 나가사키 카스텔라 2,500원

박민지_한중문화콘텐츠학과
학우들과 함께 뜻깊은 프로젝트를 진행할 수 있어서 행복했다.

아물지 않은
일제강점기의 상처,
강화도

강화도는 오래된 다락방의 향기가 물씬 풍기는 곳이다. 단군 이야기부터 고려시대 강화도 천도, 조선 후기 병인양요와 신미양요, 그리고 강화도 조약까지 무수히 많은 역사와 이야기들이 켜켜이 쌓여 있다. 평탄치 않은 역사를 가진 만큼 그에 얽힌 이야기들도 매력적이지만, 그동안 여행지로는 특별히 주목받지 못했던 것이 사실이다.

평탄치 않은 역사를 간직한 섬, 강화도

강화도는 대한민국에서 네 번째로 큰 섬으로, 고려의 수도였던 개성, 조선의 수도였던 한양과 가깝다. 임진강과 한강, 예성강이 바다로 이어지는 길목에 위치하여 항선들은 꼭 강화도를 거쳐 지나가야 했다. 즉 지정학적 요충지라는 것이다. 단군이 제사를 지냈다는 마니산도 있고, 고려시대에 몽골의 침입 때문에 강화도로 천도했다는 이야기도 있다. 하지만 특히 강화도 안에서 일어났던 외세와의 격돌과 강화도 조약은 중요한 역사적 사건이다. 이는 비교적 근래에 일어났던 사건이기도 하고 무엇보다 일제강점기의 시발점이 되는 사건이기 때문이다.

서구의 침입은 제국주의를 직접적으로 경험하는 계기가 되었고, 강화도 조약은 일본의 제국주의가 조선에 끼친 영향을 아주 잘 보여주는 사건이다. 근대사의 어두운 부분이라는 측면에서 강화도의 역사가 중요하게 자리 잡고 있었기에 의미 있는 여행이 될 것이라는 기대를 품고 있었다. 그래서 이번 여행은 다크 투어와 관련된 유적지를 살펴본 뒤 개인적으로 궁금한 곳도 돌아볼 계획을 세웠다. 조선과 서양의 건축방식이 혼합된 대한성공회 강화성당도 보고 싶었고, 무엇보다 가장 가보고 싶었던 곳은 '조양방직'이라는 카페였다. 오래된 방직공장을 카페로 재단장한 건물이라고 한다.

강화도는 넓었다. 짧은 시간 안에 전부를 보기는 무리가 있어 북쪽에 있는 강화 읍내와 내부에 있는 외규장각, 그리고 동쪽에 있는 광성보, 덕진진, 초지진을 중점적으로 살펴보았다.

아는 만큼 보인다 **강화역사박물관, 강화전쟁박물관**

한국사에 해박한 지식을 가진 사람이 아니라면 대부분 병인양요, 신미양요에 대해 이름만 들어봤을 것이다. 역사적인 사건을 어느 정도 인지하고 있다면 유적지에 갔을 때 좀 더 많은 것을 보고 느낄 수 있다. 그래서 강화도 유적 답사 전에 역사박물관과 강화전쟁박물관을 먼저 관람하는 것을 추천한다.

2010년에 개관한 역사박물관은 강화도의 근대사에 국한된 것이 아닌 선사시대부터 근현대까지 유물을 전시하고 보존하고 있다. 강화도

강화역사박물관의 전면 모습이다.

의 역사를 조형물과 미니어처로 꾸미고, 외세 침략에 맞섰던 대포들을 전시해놓았다. 역사박물관 옆에는 자연사박물관과 고인돌들이 있다. 여유가 있다면 자연사박물관도 들러보고, 고인돌 탐방 안내도에 따라 고인돌들을 구경하는 것도 좋다.

강화전쟁박물관은 갑곶돈대의 내부에 있다. '돈대'란 평지보다 높게 만든 평평한 땅에 보루를 만들고 화포를 설치한 포대를 말한다. 갑곶돈대는 몽고와의 전쟁에서 강화해협을 지키는 중요한 요새로, 해안가 접경에 있는 소규모 관측·방어시설이었다. 외부에서 침입하는 선박을 포격하기 위해서 만들어진 것이다. 조선 인조 때 설치된 갑곶진에 소속된 돈대로, 1679년 숙종 때 축조되었다. 돈대 내부에는 선정을 베푼 조선시대 관료들의 비석이 모인 비석군과 세계 최초 금속활자 발명을 기념하는 '세계금속활자 발상중흥기념비'가 있다. 더불어 외적의 침입을 대비하여 심어놓은 갑곶리 탱자나무와 휴식을 취할 수 있게 만들어둔 팔각정인 이섭정이 있다.

강화역사박물관 맞은편에 있는 고인돌공원의 움집

강화전쟁박물관. 각종 전쟁 관련 유물을 전시하고 연구하고 있다.

강화전쟁박물관은 각종 전쟁 관련 유물을 전시하고 연구, 보존, 수집하기 위해 설립되었다. 박물관 내부는 강화에서 일어났던 전쟁을 주제로 삼아 총 4개의 전시관으로 구성되어 있다. 제1전시관은 선사시대부터 삼국시대까지, 제2전시관은 고려시대, 제3전시관은 조선시대, 그리고 제4전시관은 근현대에 있었던 전쟁들에 관해 전시하고 있다. 전쟁박물관과 역사박물관은 나라가 침략당할 때마다 국방의 요충지로 외세 침략을 막아낸 강화도의 호국정신을 널리 알리기 위해 지어졌다. 두 박물관을 통해 강화도의 역사에 대해 알게 되었다면, 이제 역사적 현장을 답사할 차례이다.

강화역사박물관

https://www.ganghwa.go.kr/open_content/museum_history
주소: 하점면 강화대로 994-19
전화번호: 032-934-7887

운영시간: 오전 9시~오후 6시(월요일, 1월 1일, 설날, 추석 휴관)
입장료: 어른 3,000원 / 어린이2,000원 (강화자연사박물관 통합사용)
대중교통: 강화읍내(강화슈퍼)에서 18, 30, 33번 버스 승차

강화전쟁박물관(갑곶돈대)

http://www.ganghwa.go.kr/open_content/museum_war/
주소: 강화읍 해안동로 1366번길 18
전화번호: 032-934-4291
운영시간: 오전 9시~오후 6시(연중무휴)
입장료: 어른 900원 / 어린이 600원
대중교통: 강화읍내(수협)에서 13번 버스 승차

강화도의 중요한 진과 보 **광성보와 덕진진**

광성보와 덕진진은 병인양요와 신미양요의 전투가 실제로 벌어졌던 장소이다. '보'는 외적의 침입을 막기 위해 설치된 작은 요새를 말

신미양요 때 가장 치열한 격전지였던 광성보 전면 모습

한다. 광성보는 고려가 몽골의 침략에 맞서 수도를 강화도로 옮긴 뒤 돌과 흙을 섞어 만든 성이다. 조선 광해군 때 허물어진 곳을 고쳤고, 1658년에 강화유수부라는 관서의 서원이 광성보를 축조했다. 그 후 1679년에 완전한 돌성으로 만들어진다. 광성보는 1871년 신미양요 때 가장 치열했던 격전지이며, 덕진진과 초지진보다 더 많은 유적과 볼 것들이 있다.

용두돈대에 있는 포의 모습이다.

광성돈대는 광성보의 다른 돈대들과 떨어져 있다. 내륙에서 보았을 때 왼쪽에 위치하는데 돈 안에는 당시에 사용했던 대포와 소포, 화승총의 일종인 '불랑기'가 복원되어 있다. 주변의 성축은 신미양요 때 파괴되었는데 1977년 포의 자리와 포 3개문을 복원했다.

용두돈대는 강화해협을 따라 자연적으로 돌출된 암반 위에 설치되었던 자연 친화적인 교두이다. 1679년에 완전한 돌성으로 축조되었을 때 같이 세워졌으며 신미양요뿐만 아니라 병인양요에서도 치열한 포격전이 펼쳐진 장소이다. 1977년 돈대를 복원하면서 중앙에 '강화 전적지 정화기념비'를 세웠는데, 앞면에는 고 박정희 전 대통령의 글씨, 뒷면에는 이은상 선생이 짓고 김충현 선생이 쓴 비문이 새겨져 있다.

손돌목돈대는 손석항돈대라고도 불리는데 용두돈대에 못 미쳐 구릉 정상부에 둥그렇게 쌓은 돈대이다. 강화 일대가 훤히 보이기에 감시에 중요한 역할을 한다.

광성보에는 용사비와 순의총이 있다. 신미양요 순국무명 용사비와 옆에 있는 쌍충비는 당시 어재연 장군과 군졸들이 열세한 무기로 싸우다 순국한 것을 기리는 비이다. 쌍충비에는 비를 보호하기 위해 세워진 비각이 있다. 인근에 위치한 신미순의총 또한 신미양요 당시에 미 해군과 격전을 했던 전사자를 기리는 묘이다. 53명의 전사자 중 어재연 장군과 아우 재순을 제외하고 신원을 알 수 없는 51명의 전사자를 7개의 분묘에 나누어 합장했다.

쌍충비가 있는 쌍충비각(위)과 신미 순의총(아래)

강화수로에서 가장 중요한 요새인 덕진돈대가 있는 덕진진

광성보의 안해루부터 용두돈대까지 가는 길에는 나무들이 우거져 있다. 광성돈대를 제외한 다른 유적들을 볼 수 있으며 산책을 하며 천천히 둘러보기 좋다.

광성보에서 덕진진까지 거리는 2.2킬로미터이다. 대중교통을 이용하는 것도 좋지만, 시간과 체력에 여유가 있다면 걸어가 볼 만한 거리이다. 덕진진은 1679년 조선 숙종 때 설치되었다. 초지진과 마찬가지로 병인양요와 신미양요 등 외세에 맞서 싸운 장소이다. 신미양요 때는 미국 해병대에 점령당하기도 했다. 그 뒤 미군에 의해 홍예문만 남았는데 1977년 돈대와 성곽을 보수하면서 덕진진의 성문인 공조루를 복원했다. 병인양요 때는 양헌수 장군의 부대가 밤을 틈타 진을 통해 정족산성에 들어가 프랑스 군대를 격파하기도 했다.

덕진진 경고비. 외국선박의 출입을 통제하겠다는 뜻이 담겼다.

덕진진에는 덕진돈대와 경고비가 있다. 덕진돈

대는 북쪽의 광성보와 남쪽의 초지진의 중간에 위치하고 있어 강화수로에서 가장 중요한 요새이다. 신미양요 때 미국함대와 48시간 동안 치열한 포격전을 벌이다 파괴되었는데, 1977년에 복원되었다.

덕진진 경고비는 1867년 조선 고종 때 흥선대원군의 명으로 외국선박의 출입을 통제하겠다는 뜻으로 세워진 비다. 경고비의 오른쪽 아래에는 파열의 흔적을 찾아 볼 수 있는데 이는 외세와의 격돌 당시 맞은 포탄자국이다.

TIP 병인양요 발발 원인

병인양요는 프랑스 선교사들이 학살당한 병인박해로 인해 시작되었다. 살아남은 프랑스 선교사 한 명이 청나라로 피신하여 프랑스 극동함대 로즈 제독에게 박해 소식을 전하면서 발발한 사건이다. 프랑스 군대는 강화도를 점령하고 한강을 봉쇄하여 조선인 9,000명을 죽이겠다고 선언하고 외규장각을 약탈하여 서재들을 약탈해갔다. 이에 조선인들은 프랑스 군에 저항했고 정족산성에서 양헌수 장군의 뛰어난 전략으로 격퇴한다.

광성보

주소: 불은면 해안동로 44번길 27
전화번호: 032-930-7070
운영시간: 오전 9시~오후 6시 (연중무휴)
입장료: 어른 1,100원 / 어린이 700원
대중교통: 강화읍내(수협)에서 53번 승차

덕진진

주소: 불은면 덕진로 34
전화번호: 032-930-7074
운영시간: 오전 9시~오후 6시 (연중무휴)
입장료: 어른 1,100원 / 어린이 700원
대중교통: 강화읍내(수협)에서 53번 승차

일제강점기의 시작을 알리는 강화도조약 **초지진**

덕진진에서 초지진까
지 거리는 2.7미터이다.
걸을만한 거리이긴 하지
만 광성보에서 덕진진까
지 걸어왔다면, 계속 걷
기에는 조금 무리가 있을
수 있다. 그럴 때는 중간
에 카페를 이용하는 것도
좋은 방법이다. 덕진진에

초지진. 해상으로 침입하는 적을 막기 위해 만들어진
요새

서 초지진으로 가는 길목에는 중간 중간 카페가 있어서 도보로 여행
하기 좋은 코스이다.

초지진은 해상으로 침입하는 적을 막기 위하여 1656년 조선 효종때
만들어진 요새이다. 진에는 군관 11명, 사병 98명, 돈군 18명 등이 배
속되었고, 3개의 돈대를 거느렸다. 병인양요와 신미양요, 강화도 조약
이 일어난 현장이다.

강화도 조약이 있기 전, 초지돈대는 신미양요로 인해 이미 많은 상
처를 입었다. 1973년 대대적인 보수공사로 성곽을 보수했고 현재는 민
족 시련의 역사적 현장으로 보존되어 있다. 더불어 당시에 사용했던
대포를 설치하여 애국애족 및 호국정신의 교육장으로 활용하고 있다.

초지진
주소: 길상면 해안동로 58
전화번호: 032-930-7072
운영시간: 오전 9시~오후 6시 (연중무휴)
입장료: 어른 1,100원 / 어린이 700원
대중교통: 강화읍내(수협)에서 53번 승차

TIP 일제강점기의 시발점이 된 강화도 조약

강화도 조약은 미국에 의해 강제로 개항한 일본이 똑같은 방법으로 조선을 개항시킨 조약이다. 일본의 운요호가 조선의 부산 해역에 접근하여 통상을 명분으로 해안 탐사를 시도했고, 조선은 경고사격을 한다. 이에 운요호는 강화도에 접근하여 함포를 발사하며 조선과 교전을 벌였고, 조선이 먼저 공격했다는 것을 명분삼아 초지진의 연무당에서 조선 외교 대표와 조약을 체결한다. 이 조약은 조선 최초의 근대적 조약이지만 주권과 국익에 불평등한 조약이었으며, 결국 일제강점기의 시발점이 된다.

침략과 약탈의 역사 외규장각 서적과 고려궁지

강화도 읍내에는 고려궁지와 외규장각이 있다. 고려궁지는 몽골의 침략 때 만들어진 고려의 궁궐터이다. 1232년 고종이 강화도로 천도를 하면서 만들었으며 1270년 원종이 개성으로 환도할 때까지 38년간 사용했다. 내부에는 강화성문을 여는 시간과 닫는 시간을 알리는 강화 동종이 있고, 조선시대에 관아 건물로 사용된 강화 유수부 이방청과 강화 유수부 동헌이 있다. 강화 유수부 이방청은 행정기관이고, 유수부 동헌은 관아의 건물로 오늘날 군청과 같다.

몽골의 침략 때 만든 고려의 궁궐터인 고려궁지 입구

외규장각. 조선 정조 때 왕실 관련 서적을 보관하려고 만들었다.

외규장각은 조선 정조 때 왕실 관련 서적을 보관할 목적으로 만들어졌다. 왕립 도서관인 규장각의 부속 도서관 역할을 할 정도로 중요한 건물이다. 외규장각은 이번 다크투어에서 특히 의미가 있는 장소이다. 병인양요 때 프랑스 군은 강화도를 습격하면서 외규장각의 의궤를 포함한 서적들을 약탈함과 동시에 나머지를 전부 불태워버린다. 그 뒤 대한민국 정부와 민간단체는 프랑스 정부에 외규장각 도서를 돌려달라고 계속 요구했으나 프랑스는 반환 협상을 연기하거나 협상을 지연시키는 등의 태도를 보였다. 그러다가 2010년 11월 12일 G20 정상회의에서 5년마다 계약을 갱신하는 임대형식으로 외규장각 도서를 대여하기로 합의했다.

고려궁지

주소: 강화읍 강화대로 394
전화번호: 032-930-7078
운영시간: 오전 9시~오후 6시 (연중무휴)
입장료: 어른 900원 / 청소년 600원
대중교통: 강화읍내에 위치

또 다른 강화여행_추가 탐방지 1 **강화성당, 용흥궁, 강화향교**

강화읍은 강화도에서 제일 번화한 곳이다. 강화도의 북동쪽에 위치하며 고려시대에 몽골의 2차 침입에 대항하고자 쌓은 강화산성을 기점으로 읍내가 둘러싸여 있다. 더불어 앞서 이야기했던 여행지들의 중심에 있어서 여러 군데를 돌아다니는 것이 용이하기 때문에 숙박하기에 적합하다. 무엇보다도 강화 읍내에는 여러 가지 볼 것들이 많다. 역사적인 유적지뿐만 아니라 강화도 전통시장인 풍물시장과 인삼 농협, 청년몰 '개벽 2333'과 카페 조양방직까지 하루를 투자해야 겨우다 둘러볼 정도이다.

강화도 읍내에는 강화 관광 플랫폼이 있다. 그곳에 가면 강화도의 관광지와 읍내에 대한 소개를 들을 수 있다. 관광 플랫폼과 같은 건물에는 '개벽 2333'이라는 청년몰이 있다. 강화시장의 청년 상인들이 만든 곳으로 먹거리와 공방 등이 있고 행사도 진행된다. 청년몰을 둘러본 뒤 읍내 지도를 따라 걷다보면 동양 건축의 영향을 받은 성당을 하나 볼 수 있다. 이는 대한성공회 강화성당으로 조선 불교사찰의 외관과 서양의 바실리카 양식으로 만들어진 내부가 조화롭게 어우러진 모습이다. 성당의 건축은 세상을 구원하는 방주로서 역할을 표현하기 위해 배의 형상을 따랐다. 현존하는 한옥교회 건물로는 가장 오래되었다. 동서양의 미를 조화롭게 섞은 매력이 담겨 있다.

대한성공회 강화성당을 보고 나오면 용흥궁을 볼 수 있다. 용흥궁은 조선 후기 철종이 왕위 오르기 전에 살았던 곳이다. 초가집

강화성당. 조선 불교사찰과 서양 바실리카 양식이 섞였다.

철종이 왕위에 오르기 전 살았던 용흥궁(왼)과 국립교육기관인 강화향교(오)의 모습이다.

의 형태를 하고 있었으나 철종이 왕이 된 이후 기와집으로 바꾸고 궁이라는 별칭을 붙였다. 용흥궁의 내부에는 철종이 살았다는 것을 알려주는 '잠저구기비각'이 있고 그 내부에 '비'가 서 있다.

현재 용흥궁에는 내전 1동, 외전 1동과 별전 1동이 남아 있으며 직접 보고 촬영도 할 수 있게 되어 있다.

다음 방문 장소는 용흥궁에서 1.1킬로미터 거리에 있는 강화향교이다. 멀지 않은 거리라 도보로 이동이 가능하다. 강화향교는 성현들에게 제사를 지내고 지방민의 교육을 위해 세워진 국립 교육기관이다. 1127년 고려 인종 때 세워졌으며 그 뒤에 여러 차례 옮기고 복원했는데 1731년 영조 때 최종적으로 강화도에 자리를 잡았다. 강화향교는 조선시대에 국가로부터 토지와 노비, 책 등을 지원받아 제사와 교육을 진행했지만 교육의 기능은 어느 순간부터 사라졌고 현재는 제사의 기능만 담당하고 있다.

대한성공회 강화성당

주소: 강화읍 관청리 336
전화번호: 032-934-6171
운영시간: 오전 10시~오후 6시
대중교통: 강화읍내에 위치

용흥궁

주소: 강화읍 동문안길21번길 16-1
운영시간: 오전 9시~오후 6시
대중교통: 강화읍내에 위치

강화향교

주소: 강화읍 향로길 58
전화번호: 032-934-5321
운영시간: 오전 6시~오후 5시 (연중무휴)
대중교통: 강화읍내에 위치

또 다른 강화여행_추가 탐방지 2 강화도 풍물시장과 인삼 농협

강화도의 풍물시장은 5일장이다. 매달 2일과 7일에 장이 열리는데, 운 좋게도 내가 갔던 날은 17일이어서 시장은 사람들로 북적북적했는데 현지인뿐 아니라 관광객들도 많았다. 주로 강화도의 특산품인 순무와 젓갈 등을 판매하는 모습을 볼 수 있었다.

5일장이 열리는 시장 안에는 인삼 농협이 있다. 밖에서 봤을 때 일반 농협처럼 보여서 여러 물건들을 파는 가게들이 있고 인삼은 한쪽에서 팔 거라고 생각했다. 하지만 내부로 들어서자 생각과는 다르게 전부 인삼을 팔고 있었으며, 엄청난 양의 인삼에 놀라지 않을 수 없었다. 인삼향이 코끝을 찔렀고 다양한 종류의 인삼을 볼 수 있

강화인삼센터(위)와 강화풍물시장(아래)

었다. 인삼으로 워낙 유명한 곳이니 풍물시장과 함께 둘러보는 것을
추천한다.

강화풍물시장
주소: 강화읍 중앙로 17-9
전화번호: 032-934-1318
운영시간: 오전 8시~19시
(1·3주 월요일 휴무, 해당 월요일이 장날 혹은 공휴일일 경우 다음날 휴무)
대중교통: 강화 읍내에 위치

강화인삼센터
주소: 강화읍 강화대로 335
전화번호: 032-933-5001
운영시간: 오전 9시~오후 6시
대중교통: 강화읍내에 위치

또 다른 강화여행_추가 탐방지 3 **조양방직**

조양방직은 개인적으로 꼭 가보고 싶었던 곳이어서 큰 기대를 하고
갔다. 그리고 기대한 대로 카페는 내게 큰 영감과 감동을 주었다. 조양

조양방직 내부 전경. 일제강점기 당시 방직공장을 카페로 재 단장했다.

방직은 1933년 일제강점기 때 지어진 방직공장으로, 1958년 폐업 후 방치되었다가 2018년 카페로 리사이클된 곳이다.

카페의 외부에는 트랙터나 타이어 같이 거대한 조형물들이 전시되어 있고, 내부로 들어가면 아기자기하고 빈티지한 소품들이 곳곳에서 존재감을 내뿜고 있다. 어디에서 사진을 찍어도 정말 예쁘게 나왔으며 무엇보다 물건들 하나하나가 품고 있는 이야기가 궁금해지는 공간이다. 레트로의 매력을 잘 보여주고 있어서 조양방직 하나만으로도 강화도에 다시 올 이유가 생겼다.

조양방직 소품

조양방직
주소: 강화읍 향나무길 5번길 12
전화번호: 032-933-2191
영업시간: 오전 11시~오후 8시(평일), 오전 11시~오후 10시(주말)
입장료: 없음, 대신 커피를 시켜야 내부 관람 가능 (아메리카노 7,000원)
대중교통: 강화 읍내에 위치

강화도 여행을 깊이 있게 하려면

제주도 올레길은 워낙 유명해서 대부분의 사람들이 알 것이라고

20개의 코스로 이루어진 강화 나들길
표지판

생각한다. 간단히 설명하자면, 제주도의 둘레를 21개의 코스로 분할하여 걸을 수 있도록 만든 길인데 총 길이가 약 400킬로미터에 달하며 종주에 성공하면 기념품도 수여하는 제주도의 테마가 담긴 길이다.

강화도에도 강화 나들길이라는 이름으로 길이 있다. 올레길과 다른 점이 몇 가지 있는데 올레길은 코스가 전부 다른 장소지만 나들길은 코스마다 겹치는 부분이 조금씩 있다. 총 20개의 코스가 있으며 종주하면 강화도의 대부분을 보았다고 해도 과언이 아니다. 강화도 문화관광 홈페이지에서 나들길 전도를 다운받을 수 있다. 더불어 관광지 요금할인 혜택도 있다. 요금을 받는 관광지는 갑곶돈대, 고려궁지, 광성보, 덕진진, 초지진, 역사·자연사박물관, 평화전망대, 화문석문화관, 갯벌센터, 마니산, 함허동천까지 총 11개인데, 이 중에서 하루에 3~4개소를 관람하면 전체 관광지의 15퍼센트 할인을, 5개소 이상을 관람하면 20퍼센트를 할인받을 수 있다.

강화도 남쪽으로는 마니산, 서쪽으로는 석모도가 있다. 마니산은 단군이 하늘에 제사를 지내기 위해 올랐던 산이다. 석모도는 영화 〈시월애〉와 〈취화선〉을 촬영했을 정도로 관광지로 유명한 섬이다. 강화도에 대해 더 깊이 있게 알고 싶다면 석모도와 마니산을 가보는 것도 추천한다.

다크투어와 힐링이 함께하는 여행

강화도가 병인양요, 신미양요, 강화도 조약이라는 어두운 역사를 간직하고 있기는 하지만 여행지로서 매력 또한 갖고 있다. 몽골 침입을 막기 위해 만든 고려궁지와 강화산성, 동서양의 조화가 드러나는 대한성공회 강화성당, 오래된 방직공장에서 벗어나 카페로 재탄생한 조양방직처럼 장소마다 자기만의 새로운 이야기가 있었다. 여행을 하면서 이렇게 끌림을 느낀 적은 오랜만이다. 강화도의 크고 작은 이야기들은 하나같이 매력이 있었으며 지적 호기심마저 자극했다.

계획했던 답사지를 전부 돌고 나니 강화도를 몇 번 더 오고 싶다는 생각이 들었다. 마니산과 석모도를 좀더 자세히 탐방하고 싶고 기존에 가보았던 장소들도 여유 있게 돌아다니고 싶다. 역사를 알기 위한 여행뿐 아니라 힐링을 위한 여행으로도 강화도가 안성맞춤이라는 생각이 들었다.

강화도 맛집

옛날통닭
위치: 인천 강화군 강화읍 동문안길 5 옛날통닭
전화: 0507-1361-9949
영업시간: 오후 2시~자정
특징: 30년 동안 자리를 지킨 통닭집이다. 시장에서 파는 통닭의 느낌이 물씬 풍기는 곳이다.
추천음식: 통닭 7,000원

강화집
위치: 인천 강화군 강화읍 강화대로 405-1 비취
전화: 032-934-2784
영업시간: 오전 3시~오후 2시
특징: 오랜 전통이 있는 식당이다. 새벽부터 운영하기 때문에 이른 조식으로 매우 좋다.
추천음식: 닭곰탕 6,000원

광성식당
위치: 인천 강화군 불은면 해안동로 466번길 8-31

전화: 032-937-3869

영업시간: 오전 10시~오후 7시

특징: 식당에서 만든 전통 재래된장이 일품이다. 매일매일 밑반찬이 바뀐다.

추천음식: 광성정식 (2인 이상) 14,000원

수라전통육개장

위치: 인천 강화군 강화읍 강화대로 403번길 14

전화: 0507-1410-4949

영업시간: 오전 10시 30분~오후 9시 30분, (주방마감 9시)

특징: 진한 사골국물로 만든 전통 맛집

추천음식: 육개장 8,000원

김민기_디지털문화콘텐츠학과

흘러가는 세월 속에 각기 다른 모양의 발자취를 남기고 있는 대학생. 다양한 것들에 관심을 가지고 있다. 좌우명은 카르페디엠(Carpe Diem), 현재를 즐겨라.

제6부

경기도

파주, 비극에서 평화로
바뀌는 시대를 걸어가다

1945년 8월 15일, 36년간 일제의 압제로부터 해방된 기쁨이 가시기도 전에 대한민국은 남북분단의 비운을 맞게 되었다. 고향을 떠나 남하한 500만 실향민들은 해마다 새해와 추석이 되면 임진각에 임시제단을 설치해 북녘에 두고 온 부모와 조상을 그리며 상념을 달랬다. 그리고 1985년 9월 26일 간절한 통일의 염원과 망향의 슬픔을 달래고자 북녘 땅이 한눈에 보이는 임진각에 망배단을 건립했다.

망배望拜는 멀리 떨어져 있는 조상, 부모, 형제 등을 그리워하며 대상이 있는 쪽으로 바라보고 하는 절을 뜻한다. 실향민들은 망배단에서 정초에는 연시제, 추석에는 망향제를 올리며 북쪽에 두고 온 가족 친지들을 그리워한다. 망배단을 둘러싼 일곱 개의 화강석 병풍에는 이북5도 및 미수복지 경기·강원의 유적과 풍물, 산천 등의 특징이 조각되어 있다.

70년이 넘은 분단의 세월은 그 누구도 막지 못했다. 부모와 가족을 그리워하는 실향민의 머리카락은 백발로 변하고 몸은 쇠약해져 혼자

망배단은 실향민들이 망향의 슬픔을 달래고자 설치한 제단이다.

서는 거동이 힘들어졌다. 북쪽에 있는 가족을 만나지 못한 채 세상을 떠난 실향민도 늘어가고 있다.

울려 퍼지는 상념의 노래 **망배단과 망향의 노래비**

임진각 평화누리 공원에는 망배단과 함께 망향의 노래비가 있다. 망향의 노래비에는 북한에도 잘 알려진 '잃어버린 30년'이 새겨져 있다. 노래비 앞에 있는 버튼만 누르면 실향민들의 마음을 대신하듯이 가수 설운도의 애끓는 가락이 북녘을 향해 울려 퍼진다.

비가 오나 눈이 오나 바람이 부나

그리웠던 삼십년 세월
의지할 곳 없는 이 몸 서러워하며
그 얼마나 울었던 가요
우리형제 이제라도 다시 만나서
못다한 정 나누는데
어머님 아버님 그 어디에 계십니까
목메이게 불러 봅니다

내일일까 모레일까 기다린 것이
눈물 맺힌 삼십년 세월
고향 잃은 이 신세를 서러워하며
그 얼마나 울었던가요
우리 남매 이제라도 다시 만나서
못다한 정 나누는데
어머님 아버님 그 어디에 계십니까
목메이게 불러 봅니다
　　　　　　　 — '잃어버린 30년'

박건호 작사, 남국인 작곡, 설운도 노래의 '잃어버린 30년'은 1983년 6월 30일부터 11월 14일까지 KBS에서 방영된 특별생방송 〈이산가족을 찾습니다〉의 배경음악이 되면서 폭발적인 인기를 얻었다. 녹음 후 하루 만에 히트한 곡으로 기네스북과 유네스코 세계기록유산으로 등재되었다. 또한 KBS 특별생방송 〈이산가족을 찾습니다〉는 우리나라의 비극적인 냉전 상황과 분단으로 인한 이산가족의 아픔이 고스란히 담긴 전 세계적으로 유일무이한 기록물이 되었다. 지구상에 한국 전쟁과 같은 비극이 또다시 발생해서는 안 된다는 평화의 메시지를 세계에 알렸다는 점에서 2015년 유네스코 세계기록유산으로 등재되었다. 138일에 걸친 특별 생방송을 통해 53,536건의 이산가족 사연이 소개되고, 그 중 10,189건의 이산가족 상봉이 이루어졌다.

철조망 너머의 풍경 **자유의다리**

다리라는 건 이어주는 의미가 크다. 이쪽 끝에서 저쪽 끝까지 튼튼하게 받쳐주지 않으면 다리는 결코 이어질 수 없다. 경기 파주시 문산읍 운천리와 장단면 노상리를 잇는 이 다리는 임진강의 남과 북, 즉 한반도의 남북을 잇는 유일한 통로였다. 1953년 7월 27일, 3년이 넘는 시간을 거쳐 한국전쟁의 휴전이 성립되었다. 휴전협정에 따른 포로 송환 작전은 1953년 8월 5일부터 9월 6일까지 진행되었다. 이때 포로들이 자유를 찾아 걸어서 남측으로 돌아왔다는 의미에서 자유의 다리라는 이름으로 불리게 되었다. 원래 경의선 철교는 상·하행으로 두 개의 다리가 있었으나 폭격으로 파괴되어 다리의 기둥만 남았다. 전쟁 포로들을 통과시키기 위해 남아있던 서쪽 다리 기둥 위에 철교를 복구하고 그 남쪽 끝에 임시 다리를 설치했다. 포로를 교환하기 위한 통로가 필요했기 때문에 급하게 세워진 가교였다. 당시에는 포로들이 차량으로 경의선 철교까지 와서 두 발로 걸어 이 다리를 건너왔다.

전쟁은 잔혹하고 아픈 상처를 남기지만 그 중 가장 아픈 상처는 사람이다. 한국전쟁도 마찬가지다. 전쟁이 진행되면서 많은 포로가 양산되었다. 포로교환 문제는 1951년 7월 휴전회담에서 거론되었는데 합의가 어려운 난제였다. 가장 큰 이유는 중국과 북한으로 송환을 원하지 않는 구 대만군 출신자와 구 한국군 출신자 때문이었다. 유엔군은 송환협상에서 포로의 1:1 교환을 제의했지만, 포로의 자유의사를 존중하기로 결정했다. 1952년 6월 23일부터 27일까지 유엔사 측은 포로의 귀환 희망여부를 조사했는데 17만여 명의 포로 중 약 9만 명이 송환을 거부했다. 유엔사 측은 먼저 남한 출신 민간인 억류자 중 송환을 거부했던 2만 6,000명을 석방했다. 1953년 3월 30일 중국의 저우언라이(周恩來)는 베이징방송(北京放送)을 통해 복귀를 희망하는 포로를 우선 송환하고 나머지는 중립국으로 인도하여 신병을 처리하자는 제안을 내놓는다. 이러한 변화 속에서 1953년 4월 26일 휴전협상이 6개월 만에 재개되었다. 포로협상은 저우언라이의 제안을 바탕으로 진행

자유의다리 입구. 전쟁 포로를 교환하기 위해 급하게 세운 가교이다.

자유의다리 끝에는 굳게 닫힌 철조망이 가로막고 있다.

되었고, 마침내 1953년 6월 8일 포로교환협정에 합의했다. 주요 요지는 복귀를 희망하는 포로를 60일 이내에 송환하고 송환을 선택하지 않은 포로는 중립국에 인계한다는 것이었다.

　자유의다리 끝에는 굳게 닫힌 철조망과 철조망에 걸린 수많은 염원들이 길을 막고 있다. 나는 휠체어를 탄 어르신과 두 남녀가 자유의 다리를 건너는 것을 보았다. 그들을 지나칠 때 남자가 "여기 기억나세요?"라며 어르신께 물었다. 어르신의 목소리는 들리지 않았지만 아마 이 다리를 건넜던 분일 것이다. 다리 끝에 다다르니 철조망 건너 무성하게 자란 나무와 풀들이 보인다. 어르신은 어떤 기분으로 다시 오셨을까, 철조망 건너의 모습은 어땠을까 궁금한 게 많았지만 차마 물어보지 못한 채 지나치게 되었다. 두 다리로 이 다리를 건너왔을 분이 지금은 휠체어를 타고 다리를 건너고 있었다. 굳게 닫힌 철조망이 열려 막힘없이 뚫려있는 다리를 건너는 날이 오기를, 양쪽에서 자유로이 오가는 날이 오기를 간절히 바란다.

철마는 달리고 싶다 **장단역 증기기관차**

자유의다리를 나와 철로를 걷다 보면 경의선 장단역 증기기관차가
보인다. 이 기관차는 멈춘 지 60년이 지난 지금까지 치유되지 못하고
있는, 고착화된 분단의 역사를 상징적으로 보여주는 유물이다. "철마
는 달리고 싶다"라는 문구와 함께 1,020여 개의 총탄 자국과 휘어진
바퀴를 그대로 가진 채 전쟁의 아픔을 고스란히 담고 있다.

증기기관차는 1950년 12월 31일 밤늦게 경의선 장단역에서 피폭당
한 뒤 탈선하여 그 자리에 멈춰 섰다. 한국전쟁 당시 연합군 군수물자
수송을 위해 개성역에서 황해도 한포역까지 올라갔다가 전세가 악화
되자 남쪽으로 내려오는 중이었다. 12월 30일 열차는 수색차량기지를
출발했다. 개성역으로 가서 군수물자가 실린 화차를 달고 오는 것이
임무였다. 그러나 중국군의 개입으로 전황이 불리해진 상태여서 한포
역에 도착하자 역에 있는 화차를 연결해 되돌아가라는 지시가 떨어졌
다. 마지막 경의선 열차가 장단역에 도착하자 승무원은 모두 내려서

경의선 장단역 증기기관차. 총탄 자국들이 당시 상황을 말해준다.

임진각역 팻말 뒤로 염원의 끈들이 묶여있다.

대기하라는 미군의 지시가 떨어졌다. 지시를 받고 차에서 내린 승무원들은 두 번 다시 열차에 올라갈 수 없었다. 기관차가 북한군 손에 들어갈 것을 우려한 미군이 열차에 무차별 사격을 가하도록 명령했기 때문이다.

이후 시간이 흘러 2004년 문화재청은 기관차를 남북 북단의 역사적 상징물로 보호·관리하기 위해 2004년 2월 등록문화재 제18호로 등록했다. 또한 포스코의 지원으로 검붉게 녹슨 때를 벗겨내고, 경기관광공사의 지원을 받아 역사교육자료로 전시되고 있다.

기관차가 전시되어 있는 야외 전시장 주변에는 수많은 아픔이 깃들어 있다. 오른쪽 철조망에 길게 걸려 있는 형형색색의 끈들과 임진각역 팻말 그리고 전쟁 당시 피폭되어 떨어져 나간 기관차의 부품을 볼 수 있다.

구멍 나 있는 기관차 주위를 한 바퀴 돌다 보면 사방에서 날아오던 총탄들이 생생하게 느껴지는 듯하다. 크고 작은 총탄 자국과 부품이 떨어져 나간 자리는 결코 낮지 않을 것이며, 열차는 그 자리에 계속

서 있을 것이다. 비록 지금은 멈췄지만, 시간이 지나 진정한 평화가 찾아온다면 서울에서 기차를 타고 유라시아 대륙으로 가는 날이 올 것이라 기대해본다.

평화로 이어지는 다리 **독개다리**

민간인통제구역 뒤로 독개다리 입구가 보인다.

1998년 통일대교 개통 전까지 민통선 이북과 판문점을 잇는 통로는 독개다리가 유일했다. 경의선은 용산부터 신의주까지 이어진 복선이었으나 한국전쟁 때 폭격으로 무너졌다. 왼쪽으로 이어진 다리가 하행선, 교각만 남은 오른쪽 자리가 상행선이다. 독개다리는 상행선의 남은

복구된 왼쪽 하행선과 교각만 남은 오른쪽 상행선의 모습이 대조적이다.

다섯 개 교각을 활용해 만들어졌다. 원래 민간인통제구역이었지만, 상행선 교각에 인도교를 깔아 2016년 '내일의 기적소리'라는 스카이워크 형태로 개장한 것이다. 하행선은 2003년에 개성까지 복원을 한 상태이며, 개성공단 화물열차도 1년간 운행했다.

6.25전쟁 당시의 총탄 자국이 표시된 교각

독개다리는 과거 현재 미래 구간으로 구성되어 있는데 발밑 유리창 아래로 보이는 교각에는 선명한 총탄 자국이 새겨져 있다. 다리를 걸으며 6.25 한국전쟁의 상흔을 직접 확인할 수 있게 만든 것이다. 교각에 빨갛게 표시된 총탄 자국은 당시 치열했던 상황을 생생하게 보여준다. 총탄 자국 위를 걷다보면 지금의 평화가 새삼 소중하게 다가온다. 끊어진 철길과 아무것도 없는 교각 너머로 보이는 임진강은 이어질 듯 끊겨 있다.

교각만 남아 희미하게 이어지는 철길이 보인다.

2019년에 독개다리는 '평화의 가상철로'라는 새로운 미디어 아트 작품으로 재탄생했다. 190개국 5만 7,889명의 손가락 하트 사진과 소망 메시지를 이용해 제작된 미디어 아트로, 평화를 염원하는 마음이 북한을 넘어 유라시아 대륙까지 이어지길 바란다는 의미를 담고 있다. 계단 위로 올라가면 무료 망원경이 설치된 전망대가 있다. 임진강 너머의 모습을 볼 수 있는데, 망원경을 통해 자세히 보면 개성의 산봉우리가 보인다. 그 봉우리를 제외하고 시야에 보이는 풍경은 전부 남한 땅이다. 임진강 독개다리는 "통일이 되는 그 날 철거"된다는 문구가 적힌 철조망으로 끝난다. 철조망 너머로 남아 있는 교각들을 바라보며 이곳이 철거가 될 날을 기다려본다.

독개다리
운영시간: (3월~10월) 오전 9시~오후 6시 / (2월~11월) 오전 9시~오후 5시
휴무일: 매주 월요일
입장료: 성인 2,000원 / 어린이 1,000원

DMZ, 평화가 닿는 곳 제3땅굴, 도라전망대, 통일촌

DMZ 투어는 A, B 두 코스가 있는데 현재는 A 코스만 운행중이다. 투어는 임진각을 출발해서 제3땅굴, 도라전망대, 통일촌을 거쳐 다시 임진각으로 돌아오는 코스이다. 임진각에서 투어 버스를 타면 통일대교 앞에서 잠시 멈춘다. 곧이어 군인이 버스에 올라와 승객들의 신분증을 검사하는데 단순한 신분증 검사임에도 묘한 긴장감에 저절로 얼굴이 굳는다. 긴장감을 자아내는 신분증 검사를 마치면 버스가 다시 출발한다. 임진강 위를 시원하게 달리는 버스 창문으로 반짝이는 윤슬을 바라보니 마음이 뭉클해진다.

버스에서 내리면 DMZ 영상
관에 들어가 6.25전쟁과 땅굴에
관한 10분쯤 되는 영상을 시청
한 후 땅굴 체험을 시작한다. 제
3땅굴은 1978년 10월 17일에 발
견되었다. 귀순자에게 땅굴공
사 첩보를 듣고 탐사하던 중 지
하수가 공중으로 솟아오르면서

DMZ 전시관의 모습이다.

모습을 드러냈다. 발견된 곳은 판문점에서 남방 4킬로미터 지점으로
문산까지 12킬로미터, 서울까지 불과 52킬로미터 거리였다. 폭 2미터,
높이 2미터의 규모로 지하 평균 73미터 지점을 1,635미터 가량 굴착해
왔다. 남쪽에 세 갈래로 출구를 내고, 한 시간당 3만 명의 무장병력이
통과할 수 있는 크기이다.

모노레일을 타고 땅굴의 가파른 경사를 오르내리는 동안, 차갑고
축축한 공기와 함께 굴을 뚫었을 당시의 폭파 흔적을 볼 수 있다. 갱
도 안으로 들어가 낮고 좁은 굴을 따라 끝까지 가면 땅 아래 군사

전망대 망원경으로 바라본 북한의 모습

분계선이 나온다. 경계가 나뉘는 지점에 다다르자 건너편이 잘 보이지 않는 문으로 막혀 있다. 분명 이어진 길이고 미세하게나마 건너편이 보이는데도 더 이상 갈 수가 없어 묘한 감정이 들었다. 분단의 실상을 피부로 느끼게 하는 땅굴 관람을 끝내고 두 번째 방문지인 도라전망대로 향했다.

도라전망대는 DMZ 안에 위치한 전망대로 북한을 가장 가깝게 볼 수 있는 남측의 최북단 전망대이다. 입장을 하면 교육실로 들어가 영상을 보는데 안내원이 간략하게 설명을 해준다. 통유리 너머로 보이는 북한의 모습을 영상과 비교하면서 파악한 뒤, 3층 전망대로 올라가면 무료로 망원경을 통해 북한을 볼 수 있다. 북한의 인공기, 개성공단과 개성시 변두리, 송악산, 높은 건물 등이 보이는데 날씨가 맑은 날에는 맨눈으로도 보인다. 망원경 너머로 보이는 북한의 모습은 고요하고 평화로웠다. 가깝지만 닿을 수 없는 북한의 모습을 눈에 담으며 아쉽지만 마지막 장소인 통일촌으로 향했다.

통일촌은 강원도 철원에 있는 민북마을 중 하나로, 휴전선 인근 황무지와 유휴지를 개척하고 전선 방위의 목적으로 국가가 건설한 전략

평범한 시골 풍경의 통일촌 마을 모습

촌이다. 1970년대 초 정부는 방치된 땅을 개간하여 식량을 생산하고 향토 예비군을 편성해 국방의 일면을 담당하게 하려고 통일촌을 조성했다. 이스라엘의 전략촌인 키부츠를 모델로 하여 만들어진 정착마을이다. 민간인통제선 안에 있어 지도에 표시되지 않는 청정마을 통일촌은 파주 지역의 특산물인 장단콩으로 유명해 장단콩마을이라고 불리기도 한다. 마을 안에는 통일촌장단콩 마을 식당, 통일촌농산물직판장 식당, 통일촌부녀회 식당 세 곳만 운영 중이다. 통일촌 마을 풍경은 우리가 흔히 아는 시골 모습을 하고 있다.

임진각 관광지 평화누리 관광안내소(매표소)
주소: 경기도 파주시 문산읍 임진각로 148-53
전화번호: 031-954-0303
운영시간: 오전 9시 30분~오후 3시
휴무일: 매주 월요일, 주중 공휴일(토/일 제외), 설·추석 당일
입장료: A코스(임진각-제3땅굴-도라전망대-통일촌-임진각)
도보 이용 시 일반 9,200원 / 학생 7,000원
모노레일 이용 시 일반 12,200 / 학생 9,500원
대중교통: 경의중앙선 임진강역 1번 출구 도보 640m

평화의 바람이 부는 곳 임진각 평화누리공원

누리란 세상을 예스럽게 이르는 말로, 평화누리공원은 평화로운 세상 그 자체였다. 탁 트여 있는 공원에 서서 바람을 맞으니 가슴이 시원해지는 기분이 든다. 언덕 가장 높은 곳에 올라가 공원을 내려다보면 마음이 고요해지는 걸 경험할 수 있다.

최전방 지역이라는 긴장감은커녕 화목하고 평화로운 모습만 보인다. 연을 날리는 가족의 모습도 많이 보인다. 북녘 땅에서 불어오는 바람을 타고 높이, 더 높이 올라가는 연은 아무 걱정 없이 자유로이

평화의 바람으로 돌아가는 바람개비

나는 새처럼 보였다. 유치원에서 체험학습을 온 어린아이들이 보인다. 작고 귀여운 아이들이 잔디밭을 뛰놀다 누워서 구름 한 점 없는 하늘을 보며 까르르 웃는다. 특히 시원한 바람을 맞으며 돌아가는 바람개비는 평화누리공원의 상징물이다.

공원 곳곳에는 평화를 희망하고 통일을 염원하는 마음이 담긴 각종 조형물과 기념비, 위령탑이 존재한다. 임진각에서 분단의 아픔을 느꼈다면 평화누리공원에서는 자유와 평화를 실은 시원한 바람을 맞으며 걸어보는 것을 추천한다.

잃어버린 우리네를 찾아서 국립6.25전쟁납북자기념관

전쟁은 많은 걸 가져가고 우리는 많은 걸 잃었다. 죽음으로 잃은 자들만 말하는 것이 아니다. 전쟁 당시 남한에 거주하던 사람 중 본인의 의사와 상관없이 강제로 끌려가 북한 지역에 억류되거나 거주하게 된 자들이 셀 수 없이 많다. 북한은 우리나라 각 분야의 중요 인사들, 사회 발전에 근간이 되는 청년과 장년을 계획적으로 납치했다.

납북 규모 또한 상당했는데 그 규모를 정확히 파악하는 데는 한계가 있었다. 당시 남아 있던 납북자 관련 서류와 명부 등을 종합해서 피해 규모를 추정할 수밖에 없었기 때문이다. 이 자료에 따르면 6.25전쟁 중 납북 피해자는 총 9만 5,456명으로, 6.25전쟁 중 납북된 남한 민간인의 규모는 약 10만 명 내외로 추정할 수 있다. 정치인, 사회 저명인사, 종교인, 의료인, 문화인 등 분야를 막론하고 수많은 남한 출신들이 북한으로 끌려갔다. 납북자뿐 아니라 국군포로와 의용군 등도 있었다. 그들은 북한에 이용당한 뒤 강제노동수용소에 수감되거나 감금, 숙청되는 등 극도로 비참한 생활을 해야 했다.

납북 피해자 가족들의 마음은 또한 어떠했을까. 전쟁이 끝나고 복구 사업이 진행되었지만, 빈곤이라는 현실에 부딪혀 납북자 문제 해결은 우선수위에서 밀려나버렸다. 납북자의 90퍼센트 정도가 남성이었다. 당시 여성의 경제활동은 극히 미미했으므로 납북된 대부분이 가장이었을 것으로 추정된다. 납북 피해자 가족들 대부분은 전쟁을 겪고 가장까지 잃었기에 경제적 어려움이 더욱 컸다. 납북자의 아내

납북 피해자와 가족들의 사진

나 자녀들은 생계를 위해 생활 전선에 뛰어들어 온갖 고된 일을 해야
했다. 게다가 일부는 납북이 월북으로 오인되어 사회적 불명예와 차
별까지 감수해야 했다. 휴전 이후 납북자 귀환을 위해 정부와 민간이
끊임없이 노력했으나 이 문제는 여전히 해결되지 않았다.

6.25전쟁 14주년을 맞아 1964년 조선일보사는 대한적십자사의 협조
를 받아 납북인사 송환을 위한 '백만인 서명운동'을 전국적으로 전개
했다. 7월 1일 시작된 서명운동은 첫날부터 5만 명이 참여하는 성과를
이루었고, 마침내 8월 20일 목표한 100만 명을 돌파했다. 조선일보사
는 납북자 송환을 위해 100만 명 이상이 서명한 진정서를 같은 해
12월 유엔인권국장 존P.험프리 박사에게 제출했다. 하지만 유엔은 민
간단체로부터 정치적 문제에 관한 진정서를 접수하면 오히려 북한에
역이용될 가능성이 크다고 판단하여 정식의제로 채택하지 않았다. 이
'백만인 서명운동'은 기념관에서 체험해볼 수 있다. 서명지에 간절한
마음을 담아 이름을 적으면서 하루빨리 납북 피해 문제 해결을 간절
히 바라본다.

'백만인 서명운동' 체험 공간이다.

파주에 위치한 적군묘 제1묘역(왼)과 제2묘역(오)의 모습

6.25전쟁 중 민간인 납북은 반인도적 범죄이자 중대한 인권침해 사건이다. 1949년에 채택된 '전시 민간인 보호에 관한 제네바 제4협약'에 위반되며 오늘날 국제형사법상 전쟁범죄에 해당한다. 국가적인 문제도 있지만 그 전에 납북자들과 그 가족들은 끝나지 않는 고통의 굴레에 갇힌 셈이다. 이를 해결할 방법은 분단의 해소뿐이다. 평화통일 과정에서 납북문제가 해결되면 납북피해자들과 그 가족들이 잃어버린 인권을 되찾을 수 있다. 자그마치 10만 명 혹은 그 이상의 우리네를 잃었다. 납북자 한 사람 한 사람을 기억하며 무사귀환을 기원하며 하루 빨리 가족의 품으로 돌아올 수 있기를 꿈꿔본다.

국립6.25전쟁납북자기념관

http://www.abductions625.go.kr/index.do
주소: 경기도 파주시 문산읍 임진각로 153
전화번호: 031-930-6000
운영시간: (5월~10월) 오전 9시 30분~오후 5시 30분 (오후 5시 입장마감)
(4월~11월) 오전 10시~오후 5시 (오후 4시 30분 입장마감)
휴무일: 명절(설, 추석 연휴), 매주 월요일
입장료: 무료
대중교통: 경의중앙선 임진강역 1번 출구 200m

전쟁의 희생자들 북한군·중국군 묘지

1996년 대한민국 정부는 '교전 중 사망한 적군의 유해를 존중하고 묘지도 관리해야 한다'는 제네바협약 정신에 따라 전국의 유해를 수집하여 묘지를 조성했다. 파주에서 연천으로 가는 37번국도 변에 위치한 이 묘지는 눈에 잘 띄지 않아 찾기가 쉽지 않다. 안내판을 따라 계속 안으로 들어가면 넓게 펼쳐진 밭이 보인다. 남방한계선으로부터 불과 5킬로미터 떨어진 곳으로 총 6,000여 제곱미터 규모이며 중국군 362구, 북한군 718구 모두 1,080구의 유해가 묻혀 있다. 작은 밭을 사이에 두고 북한군 묘역인 1묘역과 북한군 중국군이 함께 있는 2묘역으로 나뉘어 있다. 가까운 오른쪽이 2묘역이고, 1묘역은 아래로 조금 내려가 왼편에 있으니 2묘역 먼저 들르는 걸 추천한다.

우리나라 묘는 보통 해가 잘 드는 남쪽으로 향하도록 설계하는데 이곳의 묘는 모두 북쪽을 향해 있다. 비록 육신은 돌아가지 못하지만 고향이라도 바라볼 수 있도록 북녘 땅을 향해 묘지를 조성했기 때문이다.

적군의 묘지를 조성한 나라는 세계에서 우리나라뿐이다. 어떤 이들은 묘지를 보고 반감이 들 것이다. 우리에게 피해를 준 적군의 넋을 왜 기리는 건지 이해하지 못할 수도 있다. 하지만 이 묘지는 겉치레로 만들어진 게 아니다. 아직 끝나지 않은 전쟁과 평화의 소중함을 되새길 수 있는 평화의 공간으로서 역할을 하고 있다.

중국군의 유해는 본국으로 송환되었지만 아직 남한에 있는 북한군 유해와 북한에 있는 남한군 유해는 고향으로 돌아가지 못하고 있다. 전쟁이라는 비극적 사건으로 총을 겨누고 싸운 상대편 군인이

제2묘역 중국군 본국송환 묘비석

었지만, 부디 국가적 손해를 따지지 않고 인도주의 차원에서 각자의 고향으로 송환하기를 바라는 마음이다.

북한군·중국군 묘지(적군묘지)
주소: 파주군 적성면 답곡리 산 55번지

작지만 옹골찬 집 **평화를 품은 집**

작은 오두막집 같은 '평화를 품은 집'은 서점, 북카페, 문화센터를 겸한 작은 도서관이다. 입구에는 평화 관련 도서를 주제별로 엄선해 판매하는 세계에서 두 번째로 작은 서점이 있다. 서점을 지나면 아래로 내려가는 계단이 나온다. 오른쪽에는 주제별로 분류된 평화 관련 도서가 배치되어 있고, 계단을 내려가면 작고 아늑한 방이 있어서 자신이 고른 책을 편하게 읽을 수 있다. 또 다른 공간으로는 평품 소극장이 있다. 교회 예배당처럼 보이는 소극장은 평화와 관련된 영상을 보거나 작은 음악회, 연극 같은 공연이나 토론을 위한 다목적 공간으로 활용된다. 영상을 통해 평화의 메시지를 전달하고 다양한 연령대를 대상으로 매월 상영 일정을 정해 운영 중이다.

2층 다락방으로 올라가면 다락갤러리가 있다. 다락갤러리는 상설전과 기획전 2개의 전시공간이 있다. 상설전시 공간에서는 일본군 위

닥종이 인형이 전시되어 있는 다락갤러리

안부의 아픔을 기억하고 함께 나누자는 뜻에서 '닥종이 인형으로 만나는 위안부' 전이 열리고 있다. 평화를 품은 집 가장 높은 자리에서 낮은 자리 사람들의 아픈 이야기를 풀어낸 것이다. 일본군 위안부가 되기 전 일상의 모습, 일본군 트럭에 실려 끌려가는 비극적인 장면, 위안소 앞에서 일본군 병사들이 줄서 기다리는 장면을 재현했다. 또한 아픈 과거에 머물지 않고 세상 밖으로 나와 당당하게 행진을 시작했던 위안부 할머니들의 수요집회, 평화의 소녀상 등을 닥종이 인형으로 담아냈다.

제노사이드 역사자료관은 제노사이드에 관한 국내 유일의 자료관으로 국외 전시와 국내 전시로 구성되어 있다. 국외 전시공간에서는 제노사이드 사건 중 희생자 수가 30만 명이 넘고, 특정 종족이나 구성원 말살이 최종 목적이었던 대표적인 사건 다섯 개를 전시한다. 아르메니아 제노사이드, 홀로코스트, 캄보디아 킬링필드, 난징대학살, 르완다 제노사이드가 그것이다.

그 밖에 페레힐 학살, 게르니카 학살, 카틴 숲 학살, 바비야르 학살,

밑에서 보는 평화도서관. 복층구조가 잘 보인다.

오키나와 강제집단사, 2.28사건, 손미(미라이) 학살, 하미 학살, 스레브
레니차 학살, 콩고민주공화국 내전, 코소보 사태, 다르푸르 학살 등에
대해서도 간단하게 다루고 있다.

국내 전시공간에서는 제주4.3사건, 한국전쟁, 5.18민주화 운동 등을
전시한다. 사실 수많은 제노사이드 사건이 존재하지만 인정받지 못한
사건들이 더 많다. 우리나라 제주4.3사건 또한 마찬가지이다. 아직 제
노사이드로 인정받지 못해서 계속 유엔인권위원회에 안건을 올리고
있는 중이다.

제노사이드라는 건 어느 날 갑자기 일어나는 게 아니다. 편견으로
인해 자신과 다른 사람이나 낯선 사람을 볼 때 나타나는 차별은 개인
의 폭력으로 이어진다. 개인의 폭력은 점점 커지고 집단화되어 광기
어린 살인극이 된다. 이렇듯 편견과 차별이 불러일으키는 제노사이드
에 대해 이해하고 올바른 방향으로 갈 수 있도록 가르쳐주는 곳이
바로 제노사이드 자료관이다.

평화를 품은 집인데 왜 느닷없이 제노사이드처럼 무거운 주제를 다
루는지 의문이 들 수 있다. 평화를 품은 집이 보여주는 지향점은 평화

입구에서 보는 제노사이드 역사자료관

를 지향하기 이전에 어떤 일이 있었고, 누가, 어떤 피해를 입었으며 그 피해가 왜 잘못된 것인지 잘잘못을 가릴 수 있어야만 올바르고 진정한 평화를 맞이할 수 있다는 것이다. 전쟁, 제노사이드에 담긴 폭력성과 비인도적 행위들을 직면하고 받아들여야 진정한 평화를 이끌 힘을 얻을 수 있다. 잘못을 반복하지 않기 위해 어떤 노력을 해야 하는지 함께 고민해 보는 공간인 셈이다.

TIP 제노사이드Genocide

특정 집단의 전부 또는 일부를 절멸할 목적으로 그 구성원을 학살하는 행위를 말한다. 보통 집단 학살(집단 살해), 인종 학살(인종 살해)이라고도 한다. 인종 또는 부족을 뜻하는 그리스어 'Genos-'와 살인을 뜻하는 라틴어 '-cide'의 합성어이다.

평화를품은집

http://www.nestofpeace.com
주소: 경기도 파주시 파평산로 389번길 42-19
전화번호: 031-953-1625

운영시간: (3월~10월) 오전 10시~오후 5시 / (4월~9월) 오전 10시~오후 6시
휴무일: 매주 월요일, 매년 1월, 명절(설, 추석 연휴)
입장료: 평화도서관 무료 / 제노사이드 역사자료관+다락 갤러리 3,000원
대중교통: 문산터미널에서 11-1번 탑승 후 두포2리 정류장(여울, 동화힐링캠프 입구)에서
　　　　하차

또 다른 파주 여행_추가 탐방지 **효순·미선 추모공원**

2002년 6월 13일 친구 생일잔치에 가던 두 소녀가 뒤에서 오던 미군 장갑차에 치여 목숨을 잃은 참혹한 사건이 발생했다. 사고를 낸 미군 병사는 한미주둔군지위협정(SOFA)에 따라 무죄판결을 받아 아직까지 처벌을 받지 않았다. 당시 두 중학생의 억울한 죽음은 '촛불 시위'의 도화선이 되었다. 미군에게 진상 규명과 사과를 촉구하며 분노한 시민들이 촛불을 들고 거리로 뛰쳐나온 역사적인 순간이 공원의 벽화에도 그려져 있다.

사건이 발생한 지 18년이 지나서야 추모를 할 수 있는 공원이 완공되었다. 양주시 광적면 효촌리 사고현장에 마련된 공원은 시민기금을

당시 진상규명을 밝히기 위한 촛불시위를 벽화에 담아냈다.

사진 23 시민들의 촛불로 피워낸 꽃처럼 보이는 시민추모비

조성해 마련한, 오로지 시민의 힘으로 이뤄낸 결과이다. 효순이·미선이 추모공원은 자주평화통일을 이룰 결정적인 근거가 되었으며 통일의 꿈을 키우는 장이 되었다.

효순이·미선이 추모공원
주소: 경기도 양주시 광적면 효촌리 56번 국도
전화번호: 031-953-1625
운영시간: (3월~10월) 오전10시~오후5시 / (4월~9월) 오전10시~오후6시

홍지율_한중문화콘텐츠학과
세상을 따뜻하고 올바르게 보기 위해 공부하고 있다. 매사 다정하고 정성으로 대하려 노력한다. 순하지만 약하지 않고 부드럽지만 무르지 않은 들꽃 같은 사람. 바보 같지만 바보는 아니다.

제7부
충청도

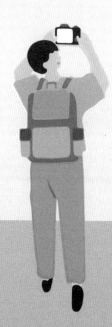

당연하지 않은 희생으로
얻어낸 당연한 자유

다크 투어란 관광과 휴양을 위한 기존의 여행과는 달리 비극이나 참사가 일어난 역사적 장소 등을 방문하여 교훈을 얻는 여행이다. 한국에서는 '전쟁' 관련 다크 투어가 대표적이다. 전국 곳곳에서 볼 수 있는 장소이면서, 누구나 한 번쯤 들어봤을 만한 역사적 사실과 관련이 있기 때문이다. 나는 전쟁에서 더 나아가 '순교'라는 주제로 다가가보려 한다. 국가 간 이념 차이로 일어난 전쟁뿐 아니라 종교적 이념차이로 일어난 학살로 많은 사람이 목숨을 잃기도 해서다.

우리나라도 전국 곳곳에 순교지가 있는데, 가장 많은 순교자를 배출한 곳이 바로 공주의 황새바위순교성지이다. 그래서 이번 여행은 충청권을 중심으로 살펴보았다. 충청권 순교성지는 주변의 모습과 순교자 생가 보존 등으로 당시 모습을 짐작할 수 있게 해놓았다. 그리고 충청권 답사 후 서울 순례길 중 당고개 순교성지와 서소문 밖 네거리 순교성지도 다녀왔다. 서울 순례길은 2018년 아시아 최초로 국제 순례지 인정을 받은 곳이다.

열두 제자의 시선 황새바위순교성지

이번이 세 번째 방문인 공주에 도착하자, 반가운 마음과 함께 세 번씩이나 왔음에도 이곳에 성지가 있다는 사실을 몰랐다는 것에 아쉽고 미안한 마음이 들었다. 이곳의 지명에는 두 가지 유례가 있는데, 황새가 많이 서식했던 곳이어서 황새바위라고 부르기도 하고, 커다란 항쇄項鎖(목에 채우는 쇠사슬)를 쓴 순교자들이 처형당한 곳이어서 '항쇄바위'라고 부르기도 했다.

1801년 신유박해에는 이존창 루도비코, 이국승 바오르 등 16명이 참수 당했고, 1866년 병인박해에는 1,000여 명의 순교자가 순교한 것으로 추정된다. 그중 황새바위 순교성지에서는 박해시대 초기 337명의 천주교 신자들이 순교했다. 많은 신자가 이곳에서 처형당했는데, 지리학적으로 금강의 본류와 제민천의 지류가 만나는 모래사장이었기에 공개처형지로서 최적이었다.

성지를 방문한 날 비가 내렸는데, 부활광장 입구에 있는 돌문이 마치 눈물을 흘리는 듯 보였다. 돌문은 아치형인데 가운데 입구가 낮아서 고개를 숙여야 지나갈 수 있다. 이것은 예수님처럼 낮은 곳에서 자신을 낮추며 기도를 하고, 다시 세상으로 나아갈 때는 머리를 숙이는 겸손한 그리스도인이 되라는 의미라고 한다.

고개를 숙여 돌문을 지나 부활광장에 발을 내디디면, 열두 개의 빛돌과 순교탑, 무덤 경당을 볼 수 있다. 열두 개의 빛돌과 순교탑은 마치 성경 속 열두 사도가 순교자들을 바라보는 듯한 느낌을 준다. 열두 개의 빛돌은 열두 사도를 상징하는 동시에 이곳에서 순교한 337명과 수없이 많은 무명 순교자들을 기리는 비석이다. 그래서 아무 이름도, 표시도 없이 투박한 모습 그대로 있다.

황새바위순교성지의 부활광장 입구에 있는 돌문의 모습이다.

두 개의 빛돌이 서 있는 모습이 마치 열두 사도가 순교자들을 바라보는 듯한 형상이다.

황새바위성지

http://www.hwangsae.or.kr

주소: 충남 공주시 왕릉로 118

전화번호: 041-854-6321~2

기타사항: 평일 미사, 주일 미사 홈페이지 참고

하늘에 닿은 기도 순교성지갈매못

갈매못 성지는 갈마연渴馬淵에서 유래한 말로, '목마른 말에게 물을 먹이는 연못'이라는 뜻이다. 즉 갈증을 없애는 생명의 물을 먹이는 곳이다. 충남 보령시에 위치하고 있으며 전국에서 유일한 바닷가 성지로 서해가 한눈에 보인다. 성지에 도착해 주변을 둘러보니 대원군이 처형장으로 이곳을 선택한 여러 가지 이유가 다시 생각난다.

첫 번째 이유는 외연도와 관련이 있다. 1839년 기해박해 때 세 명의 프랑스 선교사들이 살해당했는데, 1846년 프랑스 함대 세실 사령관이 세 척의 군함을 이끌고 외연도에 정박해 그 일에 책임을 묻는 편지를

갈매못 대성당으로 가는 길에 '십자가의 길' 조형물이 설치되어 있다.

남기고 돌아갔다. 조정은 이를 조선 영해 침입 사건으로 간주했고, 당시 옥중에 있던 김대건 신부의 처형이 앞당겨졌다. 1866년 흥선 대원군은 서양 오랑캐를 쳐낸다는 의미로, 세실 사령관이 침범했던 외연도와 가까운 오천의 수영水營에서 다블뤼 안 안토니오 주교 등 다섯 명을 처형했다.

두 번째 이유는 고종의 국혼이다. 1866년 3월 고종의 국혼이 한 달 정도 남았을 때 궁중에서는 무당을 불러 점을 쳤다. 그리고 한양에서 사람의 피를 흘리면 국가의 장래에 좋지 않다는 예언을 받았다. 서울에서 멀리 떨어진 곳에서 형을 집행해야 한다는 무당의 예언에 따라 오천의 수영으로 보내어 처형한 것이다.

그 후 1925년 충남 부여군 금사리 쇠양리 본당 주임이었던 정규량(레오) 신부의 노력으로 갈매못 순교현장을 발견했다.

나선형으로 되어있는 계단에 새겨진 14처 조각을 묵상하며 올라가다 고개를 돌리면 하늘과 바다가 맞닿아 있는 모습이 보인다. 이 모습을 통해 순교 당시, 순교성인들이 어떤 기도를 드리고 어떤 마음가짐을 가졌을지 생각하게 된다.

'슬픔의 길' 혹은 '고난의 길'로 불리기도 한다. 예수가 십자가를 지고 걸었던 빌라도 법정에서 골고다 언덕에 이르는 수난의 길을 말한다. 이 길에는 각각의 의미를 지닌 14개의 지점이 있으며, 이 중 제10지점에서 제14지점까지는 성묘교회 안에 위치하고 있다.

기독교 미술 주제의 하나로 보통 성당 내벽에 14장면을 부조판, 회화 등으로 만들어 걸고 그 앞을 돈다.

순교성지갈매못

http://galmaemot.pr.kr

주소: 충남 보령시 오천면 오천해안로 610

전화번호: 041-932-1311

운영시간: 3월~10월 오전 9시~오후 6시 / 11월~2월 오전 9시~오후 5시 30분

기타사항: 평일 미사, 주일 미사 홈페이지 참고

조선의 카타콤바 **신리성지**

신리성지는 1866년 제5대 조선 교구장 다블뤼 안토니오 주교가 한국寒國 천주교회사를 위한 비망기를 집필한 곳으로, '조선의 카타콤바

예수의 십자가를 함께 지는 모습(왼)과 십자가를 진 예수가 넘어진 모습(오)

성 오메트르 베드로 신부 경당

(catacombs)'라고도 불린다. 이 곳은 천주교 탄압기 동안 조선에서 가장 큰 천주교 교우 마을이었기에 천주교 전파에 중요한 역할을 맡은 곳이기도 하다.

1868년 4월, 독일 상인 오페르트가 흥선 대원군의 아버지 남연군 묘를 도굴하기 위해 덕산에 침입하는 사건이 발생한다. 도굴 작업이 미수에 그치고 오페르트가 도망치자 신리를 포함한 내포지역 교우촌 전체가 붕괴할 만큼 큰 박해가 일어난다. 천주교인은 더욱 핍박을 받았고 신리의 신자들은 굴복하지 않고 묵묵히 순교자의 길을 걸어갔다. 하지만 신리를 떠나 흩어진 신자들이 늘어나면서 신리 교우촌은 완전히 붕괴하고, 단 한 명의 신자도 살지 않는 비신자 마을로 변했다.

병인박해 이후 신앙의 자유를 얻었지만 신리에는 오랫동안 신자들이 터를 잡지 못했다. 그 후 1892년 프랑스 선교사 퀴를리에 신부가 신리에서 2킬로미터 정도 떨어진 양촌에 성당을 세우고, 신리를 내려다보면서 주민들의 신앙회복을 위해 기도했다. 오랜 시간 끝에 1923년 공소가 설립되었고, 1927년에는 다블뤼 주교가 지냈던 손자선 성인의 집을 매입하여 공소로 사용했다.

신리성지에는 곳곳에 14처를 조각한 바위가 있어서 성지를 크게 한 바퀴 돌면서 묵상하기 좋게 조성되어 있다. 또한 다섯 순교 성인의 모습을 부조로 조각해서 성인을 보며 기도할 수 있는 경당 또한 성지 곳곳에 있다.

다섯 순교성인은 1866년 병인박해 때 사목활동을 벌이다 체포되어 보령 갈매못과 공주에서 순교한 성인을 말한다. 성 다블뤼 안토니오 주교, 성 오메트르 베드로 신부, 성 위앵 루카 신부, 성 황석두 루카 성인, 성 손자손 토마스 성인이 있다. 방문 당시에도 몇몇 신자들이 성인의 조각 앞에서 기도하고 있는 모습을 볼 수 있었다.

성다블뤼주교관은 제5대 조선교구장 성 다블뤼 안토니오 주교가 21년간 거주하던 곳으로, 천주교 탄압의 역사를 생생히 볼 수 있다. SNS 인생 사진 장소로도 알려진 곳이어서 그런지 비가 오는 날씨에도 몇몇 가족이 사진을 찍고 있었다. 성지가 사진 명소로 유명해졌다는 점이 아쉽긴 했으나, 한편으로는 이렇게라도 많은 사람이 알게 되는 것이 다행이라는 생각이 들었다.

많은 순교자가 종교의 자유를 위해 자신의 삶을 바쳤다. 이들의 희생으로 우리는 종교와 사상의 자유를 얻었다. 지금은 당연하게 여겨지는 자유이지만, 이 자유를 얻기 위해 많은 아픔과 희생이 필요했다. 죽음 앞에서 담담해질 수 있는 사람이 과연 얼마나 될까? 대다수 사람은 자신의 목숨을 그 무엇보다 중요하게 여긴다. 당연하지 않은 희생으로, 당연한 자유를 얻어낸 순교자들에게 감사와 존경을 표한다.

성 다블뤼 안토니오 주교 경당 내부(왼), 성 다블뤼 안토니오 주교 경당 외부(오)

성 오메트르 베드로 신부는 프랑스의 작은 마을에서 농부의 아들로 태어나, 부모님의 영향으로 신학교에 진학했다. 1862년 사제 서품을 받고 프랑스를 떠나 1년 뒤인 1863년 말, 조선 땅에 들어왔다. 그 후 하느님의 사랑을 전하기 위해 열정 가득히 선교 활동을 펼쳤다. 1866년 3월 30일 주님 수난 성금요일에 충남 보령의 갈매못에서 순교했다.

성 다블뤼 안토니오 주교는 프랑스 아미앵(Amiens)에서 태어났다. 1841년에 사제로 서품되고 1845년 조선 충남에 입국했다. 함께 입국한 김대건 신부가 1846년에 새남터에서 순교하고, 다블뤼 신부는 수리치골로 피신했다. 그곳에서 신심단체인 '성모 성심회'를 조직했다. 1857년 보좌주교로 서품한 그는 교우들을 위한 저서 편찬에 힘을 쏟았고, 1866년 3월 30일 충청도 수영 바닷가 모래사장에서 순교했다.

신리성지

http://sinri.or.kr
주소: 충남 당진시 합덕읍 평야6로 135
전화번호: 041-363-1359
운영시간: 오전 9시~오후 5시
휴무일: 월요일
입장료: 없음

따뜻한 어머니의 성지 **당고개순교성지**

2018년 9월 서울 순례길은 아시아 최초로 교황청이 인정하는 국제 순례지가 되었다. 당고개 순교성지와 서소문 밖 네거리 순교성지도 그 중 하나이다. 일상의 공간에서 순교의 흔적을 확인할 수 있는 공간이다.

아파트 단지 사이에 있는 '신계 역사공원'의 계단을 따라 올라가면 넓은 공원에서 사람들이 산책하는 모습을 볼 수 있다. 사람들 사이

순교자들이 사용했던 칼의 형상(정면)과 하늘정원으로 가는 계단(왼편)이 보인다.

를 지나 계단을 내려가면, 성당 입구에 이해인 수녀가 쓴 시 '당고개 성지에서'가 자리를 지키고 있다.

당고개순교성지는 1839년 기해박해 때인 12월 27~28일 이틀간 열 명의 신자가 순교한 곳이다. 1846년 9월 16일 병오 박해 때는 우리나라 최초의 신부인 성 김대건 안드 레아 신부가 새남터로 향하는 처형 길에 잠시 쉬어 갔던 곳이기도 하다.

이곳, 당고개순교성지는 박해의 고통을 찔레꽃 가시로, 하느님의 은총을 매화꽃 향기로 표현하여 '찔레꽃 아픔 매화꽃 향기'라는 주제로 조성되었 다. 성당으로 들어가면 열두 천사가 죄인에게 씌 우는 칼을 들고 있는 모습이 가장 먼저 등장한다. 그리고 순교성인 열 명의 모습이 그려져 있는데, 그림마다 매화꽃이 함께 표현되어 있음을 볼 수 있다.

이해인 수녀의 시비

특히 박해의 고난 속에서도 남편 최경환 성인을 도와 가정을 돌보고 하느님께 모성을 바친 이성례 마리아를 중점적으로 보여준다. 어머니의 성지로 불리는 이곳의 의미를 극대화한 것이다. 당고개성지는 기해박해의 끝 무렵 많은 순교의 아픔이 서린 곳이지만, 이제 잔잔한 따뜻함으로 모두를 품어주는 장소가 되었다.

당고개 순교성지

http://www.danggogae.org
주소: 서울 용산구 청파로 139-26
전화번호: 02-711-0933
운영시간: 오전 9시~오후 5시
입장료: 없음
대중교통: 1호선 용산역 3번출구 도보 15분 / 신용산역 5번출구 도보 15분
기타사항: 평일 미사, 주일 미사, 전구 미사 홈페이지 참고

현재를 살아가는 기억 **서소문역사공원**

서소문 밖 네거리는 당고개, 새남터, 절두산과 더불어 조선 시대 공식 참형장이었다. 1801년 신유박해부터 기해박해, 병인박해까지 수많은 천주교인이 이곳에서 처형을 당했다. 슬픔을 지닌 마지막 시간이 가득했던 이곳에 이제는 쉼을 즐기고 미래를 살아가는 사람들이 가득하다.

빌딩 사이로 조성된 공원을 걷다 보면, 높이 서 있는 현양탑이 눈에 들어온다. 현양탑 좌우에 빼곡히 새겨진 순교성인과 순교복자의 명단을 보면 다시 한 번 깊은 생각을 하게 된다. 지금은 도심 내에 위치한 일상 공간이지만, 이 장소에서 수많은 사람이 죽음을 맞이했다는 사실을 눈으로 확인하니 모든 것에 감사하고 소중하게 느껴진다.

조완희의 '서소문 밖 연대기'(왼), 이경순의 '순교자의 칼'(오)

빌딩 사이에 높이 서 있는 순교자 현양탑의 모습이다.

공원 여기저기를 둘러보며 지하에 있는 서소문성지 역사박물관으로 걸음을 옮긴다. 지상은 공원이고 지하에 박물관이 있는 구조로 되어 있다. 박물관으로 내려가는 계단 벽에는 작은 십자가들로 이루어진 칼이 있다. 조완희의 '서소문 밖 연대기'라는 작품으로, 박해시기를 거치며 목숨을 잃은 이들을 기억하기 위해 만들어졌다. 지하 1층 박물관 입구에는 이경순의 '순교자의 칼'이 있어 이곳의 의미를 다시금 일깨워준다. 이 작품은 순교자의 목에 씌웠던 칼을 형상화한 것으로, 땅을 뚫고 나와 하늘을 향해 치솟는 형태는 의로운 순교자들의 용기를 상징하기도 한다.

박물관 내부에는 이경순의 '순교자의 길'을 전시하고 있다. 이 작품은 순교자들을 고문하고 처형했던 도구들을 희망의 메시지와 결합하

"(6) 후회 없는 삶, 휘광이의 예리한 칼날을 윤곽만으로 표현하여, 순교자들이 죽음의 칼날에서 두려움이 아닌 구원에 대한 희망의 빛을 보았음을 나타낸다."

여 실제 크기 그대로 제작한 구조물이다. 총 7단계로, (1) 감당할 수 없는 고통 (2) 의심 없는 믿음 (3) 움직일 수 없는 손과 발 (4) 피할 수 없는 구속 (5) 한 끼의 기도 (6) 후회 없는 삶 (7) 슬픔 없는 천국으로 이루어져 있다. 강한 느낌을 주는 덩어리 형태로 표현하여 박해의 의미를 극대화했다.

TIP 순교자 현양탑

1984년 한국천주교회에서는 성인의 탄생을 기리기 위해 현재 공원의 일부 토지를 매입하여 순교자 현양탑을 세웠다. 하지만 1997년 공원이 새롭게 단장되면서 기존의 현양탑이 헐리게 되었다. 그 후 한국천주교회는 1999년 이곳에 새롭게 순교자 현양탑을 세웠고, 지금까지 보존하고 있다.

서소문성지 역사박물관

www.seosomun.org
주소: 서울 중구 칠패로 5가
전화번호: 02-3147-2401
운영시간: 화요일~일요일 오전 9:30~오후 5:30 / 수요일 야간개장 17:30~20:30 (기간 3월~11월)
휴무일: 매주 월요일, 1월 1일, 설날·추석 당일 휴관
관람료: 무료
기타사항: 10인 이상 방문 시 홈페이지를 통한 예약 필수

이은정_중국어문화학과
유튜브 '이씨둘의 여행기_평행이론'의 공동운영자. 숨은 여행지를 찾아서 지인들에게 알리는 즐거움으로 여행을 다닌다.

노근리의 억울한 비명이
세상에 알려지다

1945년 8월 15일, 일본의 항복으로 2차 세계대전이 종결되고 우리 민족은 36년간 지속된 식민통치에서 벗어나 광복의 기쁨을 맞았다. 2차 세계대전이 연합국의 승리로 끝나자 미국과 소련은 한반도에서 각기 자본주의와 사회주의 체제를 확대하려 들었다. 양측은 서로를 경계하면서 블록을 형성해 자기 진영의 결속을 강화하기 시작했다. 또한 일본군의 무장 해제를 구실 삼아 38도선을 경계로 한반도를 나누어 점령했고, 대립이 악화되면서 38도선은 분단선이 되고 말았다.

죽은 자는 있어도 죽인 자는 없는 비극

　1948년 4월과 6월 두 차례에 걸쳐 남북 정당과 사회단체들은 정부 수립 관련 논의를 거치며 통일정부 수립을 주장했다. 그러나 1948년 5월, 남한만의 단독정부 건설을 위한 총선거가 실시되었다. 총선거 결과 이승만이 대통령으로 선출되었고 1948년 8월 15일 대한민국 정부가 수립되었다. 남쪽에 정부가 수립되자 북한은 그 다음 달인 9월 초, 최고인민회의 대의원 선거를 거쳐 조선민주주의 인민공화국 수립을 선언했다. 자본주의와 공산주의의 냉전으로 인한 긴장과 남북 갈등이 연속되면서 남북의 무력충돌이 일어난다.

　1950년 6월 25일 새벽, 북한군은 38선을 넘어 남침을 개시했다. 북한군은 우세한 군사력으로 개전 3일 만에 서울을 점령하고, 두 달도 채 안 되어 낙동강 선까지 남진했다. 한국군과 미군은 군사력의 열세에도 불구하고 온 힘을 다해 북한군에 대항하여 싸웠고, 결국 북한군의 침략을 격퇴할 수 있었다. 하지만 전쟁과 무관한 수많은 사람들이 희생되는 것은 어쩔 수 없었다.

충청북도 영동 노근리 주민들도 무고한 희생자들이다. 대전 전투에서 패한 미군은 1950년 7월 21일 영동으로 후퇴했다. 당시 영동 방어선 붕괴는 인민군의 부산 진격을 의미하는 매우 급박한 상황이었다. 그러나 이러한 상황을 전혀 모르는 영동읍 주곡리와 임계리 마을 주민들은 이따금 들리는 전쟁의 포성 속에서도 한 해 풍년을 기약하는 김매기에 여념이 없었다.

그러던 7월 25일, 미군들이 노근리 주민들에게 피난을 지시했고, 수백 명의 주민들이 떼를 지어 피난길에 오른다. 철길을 따라 무작정 남쪽으로 걷던 중 그들은 또 다른 미군들을 마주한다. 당시 미군은 노근리 부근에서 발견되는 민간인을 적으로 간주하라는 명령을 받았으며, 단지 그 이유 하나만으로 무차별적인 공격이 시작된다.

비극은 정말 한 순간에 일어났다. 얼마나 많은 사람들이 죽었는지 모른다. 살아남은 사람들은 철길 아래 쌍굴다리 밑으로 피했다. 미군들은 피난민을 쌍굴로 몰아넣고, 사흘 밤낮을 총질했다. 조금이라도 소리가 들리거나 누군가 움직이기라도 하면 총알을 쏟아 부었다. 그렇게 1950년 7월 26일에서 29일까지 노근리 철길 그리고 쌍굴에서 300여 명의 양민들이 미군의 집중사격에 무참히 사살 당했다.

> "소대장은 미친놈(madman)처럼 소리를 질렀습니다. 발포하라. 모두 쏴 죽여라(Kill them all). 저는 총을 겨누고 있던 사람들이 군인인지 아닌지 알 수 없었습니다. 그런데 아이들이, 거기에는 아이들이 있었습니다. 목표물이 뭐든 상관없다. 여덟 살이든 여든 살이든, 맹인이든 불구자든 미친 사람이든 상관없다. 모두에게 총을 쏴라."
> — 제 7기병연대 참전군인 조지 얼리의 증언

> "다리 밑은 모래와 자갈이었습니다. 사람들은 빗발치는 총알을 피하기 위해 맨손으로 구멍을 팠습니다. 어떤 사람은 죽은 사람들을 바리케이드

처럼 쌓아 그 뒤에 숨었습니다. 어떤 아이는 엄마가 죽은 줄도 모르고 계속 울었습니다. 우는 소리를 듣고 그 아이가 있는 곳을 향해 사격이 가해져 또 많은 사람이 희생을 당하자 아이의 아버지는 아이를 개울물에 넣어 질식시켰습니다."

— 노근리 사건의 생존자 양해찬 씨의 증언

영동 노근리 사건은 전쟁 초기 한반도에서 실제로 일어난 수많은 비극 중의 하나일 뿐이다. 전쟁과 무관한 사람들을 대상으로 일어난 학살쯤은 금세 잊힐 '그들만의 악몽'일 뿐이었다. 전쟁은 3년간 지속되었고, 전쟁이 끝난 이후에는 미군과 미국 정부, 심지어 한국 정부까지도 침묵과 외면으로 과거를 봉인하고 만다. 죽은 자는 있어도 죽인 자가 없는 억울한 세월이 시작된 것이다.

인권과 평화의 메카 노근리평화공원과 평화기념관

노근리평화공원은 한국전쟁 중 노근리에서 발생한 민간인 희생자의 넋을 기리기 위해 조성된 공원이다. 4만여 평에 이르는 공원에는 당시 사건을 기록해 놓은 평화기념관을 비롯해 추모의 공간인 위령탑, 조각공원, 생활사관 그리고 인권과 평화의 가치를 배우는 교육관이 있다.

평화공원 안에 조성된 평화기념관에는 억울하게 희생된 영혼을 추모하고 사건을 이해하는 데

아기가 총에 맞아 죽은 어머니의 젖을 물고 있다.

노근리의 억울한 비명이 세상에 알려지다 **279**

필요한 자료들이 전시되어 있다. 전시관에 커다랗게 박혀있는 글귀가 유독 눈에 들어온다. "인권회복은 수많은 이들의 땀과 희생으로 이뤄지며 평화는 누리고자 노력하는 사람들에게 주어진다."

노근리평화공원
https://yd21.go.kr/nogunri/
운영시간: (하절기) 오전 9시 30분~오후 5시 30분 / (동절기) 오전 10시~ 오후 5시
휴무일: 없음
입장료: 무료

노근리평화기념관
https://yd21.go.kr/nogunri/html/sub02/020201.html
주소: 충북 영동군 황간면 목화살길 7
전화번호: 043-744-1941
운영시간: (3월~10월) 오전 9시 30분~ 오후 5시 30분
         (11월~2월) 오전 10시~ 오후 5시
휴무일: 매주 월요일, 새해, 명절
입장료: 무료

민간인 학살의 현장 쌍굴다리

미군은 임계리 주민과 피난민들을 굴다리 안에 모아놓고 집단 학살을 자행했는데, 지금까지도 총탄 흔적(○, △ 표시)이 남아있어 당시의 상황을 그대로 전해준다. 노근리 사건의 희생자 수는 알려진 숫자보다 더 많을 것으로 추측된다. 노근리사건특별법 상 심사조건이 엄격하여 요건 미달로 탈락하는 경우가 많았기 때문이다. 또한 사건이 발생한 지 55년 만에 희생자 심사를 하다 보니 희생자 여부를 확인하는 것도 어려웠다. 상황이 이렇다 보니 노근리 사건의 피해자 마을인 주곡리와 임계리 마을 이외에 다른 곳에서 피난 온 사람들은 인적사

무차별적인 총격을 피해 도망 온 쌍굴다리도 안전하지 않았다.

항조차 파악하기가 어려웠다.

노근리 사건에 대한 철저한 진실규명은 생존 피해자들의 상처 치유 그리고 희생자들의 인권과 명예회복을 위한 시작이었다. 반세기에 걸친 진실규명 활동으로 역사의 후면에 갇혀 있던 노근리 사건은 한국사에 기록되었다. 인권보호와 세계평화증진을 위한 피해자들의 힘찬 발걸음은 지금도 계속되고 있다.

노근리 사건 피해자인 정은용은 주한미군 소청사무소에 피해자들의 손해 배상을 요구하는 소청을 제출했다. 그러나 미국 정부로부터 "법정기한 경과 후 제출된 것이기 때문에 서울 소청사무소에서는 심의할 권한이 없다"는 내용의 회신을 통보받았다.

5.16 군사 쿠데타로 군사정권이 들어서면서 노근리 사건의 진상규명과 명예회복을 위한 활동은 많은 제약을 받았다. 정은용은 문학적인 방법으로나마 진실을 알리자고 마음먹는다. 그는 1977년 중편 소설 「버림받은 사람들」을 발표했고, 그 후 10여 년을 준비한 끝에 1994년 장편 실화소설 「그대, 우리의 아픔을 아는가」를 출간했다. 이를 계기로 노근리 사건이 세상에 알려지게 되고, 같은 해 6월 '노근리

수많은 총탄 자국이 그 당시 얼마나 많은 사람들이 무참히 죽었는지를 보여준다.

미군 양민학살사건 대책위원회'가 발족했다. 정은용은 미국 대통령에게 진정서를 보내기 위해 주한 미 대사관을 방문하는 등 진상규명 활동을 본격적으로 시작했다.

1998년 4월, 미국 AP통신 취재팀이 노근리 사건에 대해 본격적으로 취재를 시작하자 '노근리 사건 피해자 대책위원회'는 피해자 증언 외에 실화소설, 연구논문과 그간 수집해놓은 여러 증거문서자료들을 AP 통신 취재팀에 적극 제공했다. AP 통신 취재팀은 갖은 외압에도 가해 미군의 증언을 확보하고, 미국 국립 문서보관소에서 노근리 사건과 관련된 문서를 찾아 심층취재를 했다.

1999년 9월 말, AP 통신이 노근리 사건을 보도하자 국내외 주요 언론사들은 일제히 노근리 사건을 집중 보도했다. 같은 해 12월, 국내 각 언론사들은 노근리 사건을 1999년도 '올해의 주요 뉴스'로 선정했고, 이듬해인 2000년 AP통신의 찰스 핸리, 최상훈, 마사 멘도자 기자는 탐사보도부문 퓰리처상을 수상했다.

결국 가해 당사국인 미국의 빌 클린턴 대통령은 2001년 1월, 노근리 사건 피해자와 한국 국민들에게 사실상 '사과'나 마찬가지인 유

거창사건 추모공원 희생자 묘역

감표명 성명서를 발표했다. 이는 한미 관계사나 인권사 측면에서 매우 이례적인 일이었다. 비록 노근리에서 발생한 사건의 경과를 정확히 밝혀낼 수는 없었으나 한국과 미군은 공동 발표문을 통해 인원을 확인할 수 없는 무고한 한국인 피난민이 그곳에서 죽었다는 결론을 내렸다.

　노근리 사건은 전쟁 중이라도 민간인의 생명은 보호되어야 한다는 인권보호의 필요성을 세계 각국에 확인시켜 주었다. 또한 전쟁의 참혹성을 상기시켜 평화를 향한 노력이 필요하다는 것을 보여주었다. 전쟁 속에서 민간인들이 무참히 사살당한 것은 노근리 사건만이 아니었다.

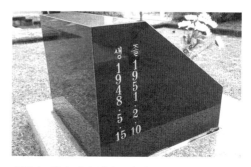

희생자묘역의 비석 옆에는 출생일과 사망일이 새겨져 있다. 이런 어린아이도 사상이 달라서 죽었다 말할 수 있는가.

　인류 역사상 수많은 전쟁과 대량학살이 있었지만, 그것이 세상에 알려진 것은 비교적 최근의 일이다. 한국전쟁 당시 군인이 아닌 민간인 희생자는 300만 명 정도로 추정된다. 전쟁의 희생자들을 추모할 때는 군인뿐만 아니라 무고한 희생자들도 기억해야 한다. 우리가 관심을 갖고 세상에 소리치지 않으면 그들의 억울한 죽음은 애초에 없었던 일처럼 과거로 사라질 것이다.

TIP　거창양민학살(1951년 2월)

1950년 12월 중공군 참전으로 전세가 바뀌자, 산악지대에 숨어들었던 북한 인민군 잔류병들이 유격활동을 전개했다. 특히 지리산 일대는 이들의 활동이 활발한 지역이었다. 부근 산간마을은 낮에는 국군에 밤에는 인민군에 지배되는 양상이 되풀이되었다. 청장년들은 대부분 군경이나 인민군에 편입되고 마을에는 노약자, 부녀자, 어린아이들만 남았다. 거창군 신원면도 이러한 지역 중 하나였다.

1951년 2월 10일과 11일에 걸쳐, 지리산 일대에서 인민군과 빨치산을 토벌하던 국군 제11사단 9연대가 적과 내통한 '통비분자'라는 혐의로 무고한 주민 800~1,000여 명을 신원국민학교에 수용했다. 대부분이 노약자와 어린아이, 부녀자들인 수용주민 중 군경 가족, 지방유지 가족을 가려낸 후 나머지 600여 명을 골짜기로 끌고 가 기관총으로 집단학살하고 시체에 휘발유를 끼얹어 불태웠다.

거창사건추모공원

https://www.geochang.go.kr/case/Index.do

주소: 경남 거창군 신원면 신차로 2924

전화번호: 055-940-8510

운영시간: 오전 9시~오후 6시 (연중무휴)

입장료: 무료

또 다른 영동 여행_추가 탐방지 1 **와인터널**

영동은 소백산맥 추풍령 자락에 위치하여 일교차가 큰 지역적 특징으로 포도의 당도가 높고 향이 좋기로 유명하다. 전국 제배면적의 13퍼센트, 충북 제배면적의 76퍼센트를 점유할 만큼 우리나라 최대의 포도 생산지다. 또한 일제강점기에 탄약고로 파놓은 지하 동굴이 90여 개나 산재해 있어 최적의 와인 숙성창고로 이용된다. 천혜의 조건을 바탕으로 영동은 최고급 와인 산지로 자리잡아가고 있는 것이다.

와인터널
주소: 충북 영동군 영동읍 영동힐링로 30
전화번호: 054-371-1994
운영시간: (4월~10월) 오전 10시~오후 6시 / (11월~3월) 오전 10시~오후 6시
휴무일: 매주 월요일, 명절
입장료: 어른 3,000원 / 군인, 청소년: 2,000원 /어린이 :1,000원

또 다른 영동 여행_추가 탐방지 2 **송호국민관광지**

금강 상류에 위치한 양산팔경을 보면서 걸을 수 있는 둘레길이다. 100~4,000여 년 된 송림으로 둘러싸인 송호관광지를 시작으로 총 6킬로미터의 노선으로 이루어져 있다.

송호국민관광지
주소: 충북 영동군 양산면 송호리 280
전화번호: 043-740-3228
운영시간: 24시간
휴무일: 없음
입장료: 어른 2,000원 / 청소년, 군인 1,500원 / 어린이 1,000원

또 다른 영동 여행_추가 탐방지 3 **월류봉**

'달이 머물다 가는 봉우리'라는 뜻의 봉우리로, 한천팔경의 제1경으로 해발 407미터이다. 월류봉에서 출발해 반야사까지 굽이쳐 흐르는 금강의 줄기인 석천을 따라 8미터에 달하는 월류봉 둘레길이 조성되어있다.

월류봉

주소: 충북 영동군 황간면 원촌리

양산 8경 중 가장 아름답다고 손꼽히는 강산대의 모습이다.

금강을 따라 은행나무 길과 소나무 길이 조성되어 있다.

영동 인근 맛집

백가네 식당

피라미를 프라이팬에 동그랗게 기름에 튀긴 후에 고추장 양념에 조린 '도리뱅뱅이'와 생선을 푹 고아서 발라낸 살과 체에 밭친 국물에 쌀을 넣어 끓인 죽인 '빠가사리 어죽'이 유명하다.

주소: 충북 영동군 영동읍 계산로 1길 31

전화번호: 043-744-1254

영업시간: 오전 10시~오후 10시

가격: 도리뱅뱅이 10,000원 / 빠가사리 어죽 8,000원

도리뱅뱅이(왼), 빠가사리 어죽(오)

나현아 한중문화콘텐츠학과

"그렇게 바쁘게 살면 지치고 피곤하지 않느냐"는 말을 들을 정도로 항상 새로운 것에 도전하고, 실패의 경험조차 소중히 여기는 행복한 일개미이다.

김민기_디지털문화콘텐츠학과
하고 싶은 것이 많은 터라 당연하게 버킷리스트로 자리 잡았던 글쓰기, 좋은 기회가 생겨서 소원을 이루게 되었다. 의미 있는 주제로 다가갈 수 있어서 더욱 재미있는 글쓰기였다. 누군가에게 유익한 내용이 되기를 바란다. 언젠간 다시 펜을 잡을 날이 오기를……

김홍주_디지털문화콘텐츠학과
졸업을 앞두고 마지막 학기가 다가오니 고민이 많았다. 어떤 수업을 들어야 좋을지도 예외는 아니었다. 생각을 거듭한 끝에 수업을 선택했고, 책을 쓰게 되었다. 이제껏 과제 말고는 글을 써 본 경험이 별로 없어서 여행에 관한 글쓰기는 몹시 어려웠다. 나의 생각을 글로 표현하는 방법을 알려준 최정규 교수님과 좋은 본보기가 되어준 학우들이 있어 포기하지 않을 수 있었다. 대학생활을 의미 있게 마무리하는 것 같아 다행이고 감사한 마음이다.

나현아_한중문화콘텐츠학과
가슴 아픈 역사의 현장을 직접 돌아보니 억울하고 참혹했던 그 순간들을 직접 마주하는 것 같았다. 노근리 쌍굴다리 현장에 남아 있는 총탄 자국은 셀 수 없을 정도였다. 전쟁에 참여한 군인뿐 아니라 노근리 주민을 비롯해 전쟁과 무관한 수많은 희생자들의 억울한 죽음을 기억할 것이다.

박기정_중국어문화학부
처음에 '다크투어리즘'이란 주제를 들었을 때, 재미없는 주제가 걸렸다며 짜증을 냈던 기억이 난다. 자극적인 것을 좋아하고 역사에 관심이 없었던 터라 '다크투어리즘'은 우리나라의 부끄러운 역사를 다룬 주제일 뿐이라고 생각했다. 하지만 답사를 하고 글을 쓰는 과정은 나에게 '즐거움을 나누는 것만큼 아픔을 이해하고 나누는 것 또한 중요하다'는 사실을 알려주었다. 많은 젊은이들이 이 책을 통해 우리나라의 아픔을 나누고 이해하는 기회가 되었으면 좋겠다.

박민지_한중문화콘텐츠학과
다크투어리즘이라고 하면 마냥 어렵다고 느꼈던 지난날이 부끄럽게 여겨졌다. 글을 쓰는 과정에서 다크투어리즘은 먼 이야기가 아닌 우리의 이야기라는 것을 느끼게 되었다. 여전히 아픔 속에 살아가는 이들의 이야기를 들었고 그들의 삶에 귀 기울이는 소중한 경험이었다.

송유림_한중문화콘텐츠학과

다크투어리즘이 주제였기에 글을 쓰면서 잘못된 역사지식, 사건에 대한 지나친 나의 견해가 들어가지 않도록 조심해야 했다. 생각한 것들을 글로 옮기는 작업은 생각보다 훨씬 어려운 일이었다. 힘들었던 만큼 값진 경험을 얻게 되어 감사하다.

양은미_문예창작학과

허구적 글을 쓰는 것은 좋아하지만 사실적 글을 쓰는 것은 좋아하지 않으며, 가볍고 즉흥적인 여행은 좋아하지만 무겁고 계획적인 여행은 좋아하지 않는다. 그래서 이 글을 쓰는 과정은 순탄치 않았다. 놓아버리고 싶었던 때가 한두 번이 아니었다. 하지만 어느 순간부터 이 글을 '만족스럽게' 끝내고 싶다는 생각이 들었다. 하나의 집착이자 집념이었다. 그리고 마침내 나는 끝냈다. 집필도, 집착도, 집념도 만족스럽게 끝냈다.

양지우_디지털문화콘텐츠학과

제주4.3평화기념관에 있는 희생자 현황판은 언제든 숫자를 바꿀 수 있도록 설치되어 있다. 나는 그 현황판을 '아직 끝나지 않은 아픔'이라는 뜻으로 받아들였다. 글을 쓰는 내내 감히 마주하기 힘든 제주의 역사를 마주해야 했다. 몹시 괴로웠지만 마주하는 것 그 자체로 충분한 시간이었다. 모두가 멈췄던 2020년, 이 글을 쓰는 시간만큼은 마음속에서나마 발걸음을 뗄 수 있었다.

이선우_중국어문화학부

처음에는 이미 책으로 다 배운 내용을 답사하는 것이 무슨 의미가 있을까 라는 의구심을 가졌다. 하지만 답사를 하면서, 4.19혁명은 교과서에 나온 몇 쪽으로 설명할 수 없는 사건임을 깨달았다. 답사 뒤 글을 쓰는 것 역시 처음 해보는 것이라 쉽지 않았다. 그러나 포기하지 않았고, 그 덕분에 많은 것을 배웠다.

이수현_중국학과

기획을 하던 게 엊그제 같은데 어느새 출판을 바라보고 있다. 학기 중에 답사를 다녀오고 글을 쓴다는 게 쉽지는 않았지만, 뚜렷하게 남은 결과물을 보니 가슴이 벅차다. 글을 쓰면서 제일 고민했던 점은 자세하게 그렇지만 늘어지지 않게 광주의 이야기를 담아내는 것이었다. 내 뜻대로 됐는지 확신하긴 어렵지만, 부디 독자들에게 의미 있는 책으로 남길 바란다. 더불어 같이 고생했던 열세 명의 한신 학우들과 최정규 교수님의 노고에 감사드린다.

이은정_중국어문화학과

개신교로서 비슷한 듯 다른 종교인 천주교를 알아보고 느끼는 시간이었다. 이미 알고 있던 역사들이 관련되어 있어서 낯설지는 않았지만, 한편으로는 처음 보는 용어와 장소들이 신선하게 다가왔다. 예전에 가봤던 지역이었지만, 이번 글을 통해 또 다른 장소들을 알게 되어 뿌듯했다.

장혜민_한중문화콘텐츠학과

책의 주제 선정부터 자료조사, 현장답사, 집필 과정까지 새롭게 도전해보는 것들이 많았지만, 교수님의 지도와 피드백 등 많은 도움 덕에 차근차근 한 단계씩 완성해나갈 수 있었다. 우리 노력의 결과물이 한 권의 책으로 완성이 된다니 참 뿌듯하다.

차수민_국제관계학부

이런 기회가 없었다면 제주도를 여행지의 한 곳이라고만 생각했을 것이다. 답사를 다니며 제주도의 아픈 역사를 구체적으로 알 수 있었다. 게다가 막상 글로 옮기려고 하니 어려운 점들이 많았다. 하지만 책이라는 매개체를 통해서 제주도의 역사를 알리는 기회를 갖게 되어서 참 다행이다.

홍지율_한중문화콘텐츠학과

처음에는 답사를 하면서 그 내용을 잘 담아내야 한다는 압박감에 눈에 보이는 것에만 집중했다. 하지만 진행을 하면 할수록 다른 이에게 '잘 보여줘야 한다'보다는 '나'를 위해서 하는 일이 되었다. 잊지 말아야 하고, 제대로 알고 올바르게 분노하되 그 분노가 되돌아가지 않도록, 올바르게 나아갈 수 있도록 노력하겠다. 좋은 글이 아닐 수 있지만 좋은 경험이 되었다.

청춘,
아픈 과거를 걷다
한국의 다크투어리즘

초판 인쇄   2021년 6월 1일
초판 발행   2021년 6월 10일

기   획 | 최정규
엮 은 이 | 권기영·이현태
지 은 이 | 한신대학교 학생 14인
펴 낸 이 | 하운근
펴 낸 곳 | 學古房

주   소 | 경기도 고양시 덕양구 통일로 140 삼송테크노밸리 A동 B224
전   화 | (02)353-9908 편집부(02)356-9903
팩   스 | (02)6959-8234
홈페이지 | www.hakgobang.co.kr
전자우편 | hakgobang@naver.com, hakgobang@chol.com
등록번호 | 제311-1994-000001호

ISBN 979-11-6586-378-4 03980

값: 18,000원